U0226354

国家生态文明

试验区建设经验比较研究

本书获得国家自然科学基金（72063019）、中央宣传部特别委托项目（2021MYB018）的资助

卢星星　罗小娟　等 ◎ 著

COMPARATIVE STUDY ON
CONSTRUCTION
EXPERIENCE OF NATIONAL
PILOT ZONE FOR
ECOLOGICAL
CONSERVATION

经济管理出版社
ECONOMY & MANAGEMENT PUBLISHING HOUSE

图书在版编目（CIP）数据

国家生态文明试验区建设经验比较研究/卢星星等著 . —北京：经济管理出版社，2022.6

ISBN 978-7-5096-8538-9

Ⅰ.①国… Ⅱ.①卢… Ⅲ.①生态环境建设—实验区—建设—经验—对比研究—中国 Ⅳ.①X321.2

中国版本图书馆 CIP 数据核字（2022）第 105947 号

组稿编辑：杜　菲
责任编辑：杜　菲
责任印制：黄章平
责任校对：王淑卿

出版发行：经济管理出版社
　　　　　（北京市海淀区北蜂窝 8 号中雅大厦 A 座 11 层　100038）
网　　址：www.E-mp.com.cn
电　　话：（010）51915602
印　　刷：唐山昊达印刷有限公司
经　　销：新华书店
开　　本：720mm×1000mm/16
印　　张：14.75
字　　数：235 千字
版　　次：2022 年 8 月第 1 版　　2022 年 8 月第 1 次印刷
书　　号：ISBN 978-7-5096-8538-9
定　　价：88.00 元

前　言

2020年9月，习近平主席在第75届联合国大会一般性辩论上宣布，中国将采取更加有利的政策和措施，二氧化碳排放力争于2030年前达到峰值，努力争取2060年实现碳中和。碳达峰、碳中和目标的提出，是党中央立足新发展阶段，贯彻新发展理念，构建新发展格局，统筹国内国际两个大局作出的重大战略决策，事关人类永续发展大局。因此，"十四五"时期，随着碳达峰、碳中和纳入生态文明建设大局中，国家生态文明建设就进入了以降碳为重点战略方向、推动减污降碳协同增效、促进经济社会发展全面绿色转型、实现生态环境质量改善由量变到质变的关键时期。

党的十八大以来，生态文明建设作为"五位一体"总体布局的重要组成部分，取得了令人瞩目的成绩，生态文明制度体系不断健全，环境质量不断提高，经济结构不断优化，生态文化不断丰富。江西省作为首批国家生态文明试验区之一，始终坚定不移贯彻生态文明思想，始终坚定不移推进生态文明建设，始终坚定不移打好污染防治攻坚战，始终坚定不移走生态优先、绿色发展道路，在建设美丽中国"江西样板"上不断探索和创新，走出了一条极具江西特色的生态文明建设之路，总结了一批成效好、可推广、可复制的典型案例和经验做法。为了研究碳达峰、碳中和目标下江西生态文明建设经验，本书设置了三个部分共十章，从双碳目标下国家生态文明试验区责任与使命切入，在总结江西建设国家生态文明试验区总体成效基础上，重点研究生态优势、传统文化、资源枯竭和创新引领四种不同区域生态文明建设的经验，同时结合福建、贵州建设国家生态文明试验区的经验启示，提出双碳目标下江西深入推进国家生态文明试验区建设的路径政策。在本书的写作过程中，将理论与实际相结合、将案例分析与定性分析相结合、将比较分析与定量分析相结合、将横向比较与纵向比较相结合。

第一部分是背景与现状，具体包括第一章至第三章。第一章是双碳目标下国家生态文明试验区的责任与使命，包括碳达峰与碳中和宏伟目标的提出过程、路径安排和内涵特征，双碳目标下国家生态文明试验区建设在战略方向、具体内容、支撑体系三方面的重大意义和在经济绿色崛起、节能减污降碳、国土空间保护、创新驱动发展、绿色生活方式、试点示范创建、体制机制创新七个方面的主要任务。第二章是国家生态文明试验区（江西）的建设现状，包括建设举措、建设成效和存在的问题等内容。第三章是国家生态文明试验区（江西）建设的区域异质性分析，根据区域异质性，提炼和总结了生态优势区域、传统文化区域、资源枯竭区域、创新引领区域四个区域类型，分析每种类型的内涵和特征，生态文明建设的关键制约、突破路径。

第二部分是经验比较，具体包括第四章至第七章。按照生态优势、传统文化、资源枯竭和创新引领不同区域类型逐一铺开陈述，在每种区域类型选择一个具体的县（区）作为典型案例，分别对应九江市武宁县、景德镇浮梁县、萍乡市湘东区、新余市渝水区四个地方，重点研究该案例点在生态文明建设中的总体思路、面临困境、具体举措、整体成效和特色案例。

第三部分是启示与建议，具体包括第八章至第十章。第八和第九章用横向比较的方法，分析福建和贵州建设国家生态文明试验区的建设现状和特色案例，从中获得对江西的启示。第十章重点研究双碳目标下国家生态文明试验区（江西）建设的提升路径与政策，提出构建江西特色的绿色低碳循环产业体系、江西特色的协同增效环境治理体系、江西特色的生态产品价值实现体系、江西特色的体制机制改革创新体系四个方面的路径和政策。

伴随着传统工业时代的落幕，一个新的发展时代开启。生态文明建设是对整个发展范式的重新定义和塑造，关系人类可持续发展和人类命运共同体的建设，是生产生活方式的"自我革命"，要站在人与自然和谐共生的高度来谋划经济社会发展。"十四五"时期，江西将继续深入推进国家生态文明试验区建设，全力打造全面绿色转型发展的引领之地、标杆之地、示范之地，走出一条具有江西特色的绿色低碳发展之路。

本书的研究得到国家自然科学基金（72063019）、中共中央宣传部特别委托项目（2021MYB018）的资助，在此表示衷心感谢。本书的完成是课题组成员共同努力的结果，卢星星博士负责第一章和第十章的撰写及全文的框架构建工作；罗小娟博士负责第三章的撰写以及全文统稿和修改工作；叶青青负责第八章和第九章的撰写和文献整理工作（共计 34 千字）；刁悦萍负责第二章、第四章的撰写（共计 41 千字）；郭子宇负责第五章的撰写（共计 34 千字）；姬润敏负责第六章的撰写（共计 34 千字）；李立萍负责第七章的撰写（共计 30 千字）。本书在编写过程中，得到了江西省发展改革委、九江市发展改革委、景德镇市发展改革委、赣州市发展改革委、萍乡市发展改革委、新余市发展改革委、武宁县委县政府及相关部门、浮梁县委县政府及相关部门、湘东区委区政府及相关部门、渝水区委区政府及相关部门的大力支持，在此深表感谢。对书中涉及的其他资料和参考文献，在此一并表示感谢。由于时间和水平有限，书中不足与疏漏之处，恳请广大读者批评指正。

目　录

第一部分　背景与现状

第二部分　经验比较

第三部分 启示与建议

第一部分

背景与现状

第一章
双碳目标下国家生态文明
试验区的责任与使命

　　生态文明建设是关系中华民族永续发展的根本大计，中国将坚定不移地推进生态文明建设。国家生态文明试验区作为生态文明建设的试验田，已经走过了最为艰难的起步阶段，"十四五"时期将成为国家生态文明试验区建设的关键时期。碳达峰、碳中和目标的提出是生态文明建设发展到新阶段的全新选择，是建设"美丽中国"新征程的重要组成部分，是经济社会全面绿色转型的必然要求，是实现生态优先、绿色发展的必经之路。

一、碳达峰、碳中和的宏伟目标

　　实现碳达峰、碳中和目标是党中央立足新发展阶段，贯彻新发展理念，构建新发展格局，统筹国内国际两个大局作出的重大战略决策，既是对国内经济社会发展范式的深度变革，也是对国际社会作出的大国庄严承诺。

（一）碳达峰、碳中和的提出过程

"碳中和"的概念最早于1997年由英国伦敦的未来森林公司（Future Forests）提出，是指家庭或个人以环保为目的，通过购买经过认证的碳信用抵消自身的碳排放的行为。2015年，为应对全球气候变化，国际社会达成《巴黎气候变化协定》，明确了21世纪下半叶实现温室气体源的人为排放与汇的清除之间的平衡，如此"碳中和"成为了国际普遍共识，得到社会各界的广泛认可。目前，全球已有130多个国家地区提出了碳中和目标，包括欧盟、美国、日本、中国等主要经济体。中国一直高度重视全球气候变化问题，对保护人类共同美好家园尽最大努力作出自己的贡献。2016年9月，我国正式批准加入《巴黎气候变化协定》，2020年9月习近平主席在第75届联合国大会一般性辩论上宣布，中国将提高国家自主贡献力度，采取更加有利的政策和措施，二氧化碳排放力争于2030年前达到峰值，努力争取2060年前实现碳中和。之后，习近平同志在多次重要场合进一步明确碳达峰、碳中和的重要性以及战略部署（见表1-1）。

表1-1 习近平同志关于碳达峰、碳中和重要论述的时间线梳理

时间	事件内容
2020年9月22日	在第75届联合国大会一般性辩论上宣布：中国将提高国家自主贡献力度，采取更加有利的政策和措施，二氧化碳排放力争于2030年前达到峰值，努力争取2060年前实现碳中和
2021年3月15日	在中央财经委员会第九次会议上强调：实现碳达峰、碳中和是一场广泛而深刻的经济社会系统性变革，要把碳达峰、碳中和纳入生态文明建设整体布局，拿出抓铁有痕的劲头，如期实现2030年前碳达峰、2060年前碳中和的目标
2021年4月22日	在领导人气候峰会上强调：中国将生态文明理念和生态文明建设纳入中国特色社会主义总体布局，坚持走生态优先、绿色低碳的发展道路。力争2030年实现碳达峰、2060年前实现碳中和
2022年1月24日	在中共中央政治局第三十六次集体学习时强调：实现碳达峰、碳中和，是贯彻新发展理念、构建新发展格局、推动高质量发展的内在要求，是党中央统筹国内国际两个大局作出的重大战略决策

时间	事件内容
2022年3月5日	在参加十三届全国人大五次会议内蒙古代表团审议时强调：积极稳妥推进碳达峰、碳中和工作，立足富煤贫油少气的基本国情，按照国家"双碳"工作规划部署，增强系统观念，坚持稳中求进、逐步实现，坚持降碳、减污、扩绿、增长协同推进，在降碳的同时确保能源安全、产业链供应链安全、粮食安全，保障群众正常生活，不能脱离实际、急于求成

（二）碳达峰、碳中和的路径安排

党中央将碳达峰、碳中和纳入生态文明整体布局，将生态文明理念和生态文明建设纳入中国特色社会主义总体布局，这是我国在战略层面为实现碳达峰、碳中和目标作出的总体谋划。但是，我国碳达峰、碳中和目标面临着人口规模大、发展压力大、排放基数大、完成时间紧、制约因素多等巨大挑战。英、法、德等国家在1990年以前已达到碳排放峰值，美国、加拿大、西班牙、意大利等国家在2007年达到碳排放峰值，这些国家宣布在2050年左右实现碳中和，他们从碳达峰到碳中和的时间跨度在40~70年。我国作为全球最大的发展中国家经济体，碳排放总量全球最大，人口规模全球最大，目前距离碳达峰的时间只有8年，从碳达峰到碳中和的时间只有28年，远远低于发达国家所用的时间，需要我国付出艰苦努力。为了确保如期实现碳达峰、碳中和，我国需要坚持系统观念，处理好发展和减排、整体和局部、短期和中长期的关系，有计划、有步骤地明确每个阶段的任务和目标（见表1-2）。

表1-2　我国碳达峰、碳中和目标实现路线表

时间	阶段名称	主要任务	预期效果
2020~2030年	尽早达峰阶段	统筹经济社会发展形势，减少碳排放，力争于2030年前达到峰值	实现碳排放强度较2005年降低65%以上
2030~2040年	快速减排阶段	强化降低单位GDP能源强度和二氧化碳强度，提高非化石能源在一次能源中的占比	控制二氧化碳排放总量稳中有降

时间	阶段名称	主要任务	预期效果
2040~2050 年	总量下降阶段	在能源、工业、建筑、交通等重点领域实现最大限度的减排	碳总量加速下降
2050~2060 年	努力中和阶段	开展先进负碳技术的应用，如碳的捕获、利用和封存技术（CCUS）、生物能源与碳的捕获和存储技术（BECCS）等	实现碳总量持续稳定下降，努力在 2060 年实现碳中和

在确定目标完成时间后，最关键的是如何完成落实。坚持全国一盘棋，发挥制度优势，强化顶层设计，我国积极构建目标明确、分工合理、措施有力、衔接有序的碳达峰、碳中和"1+N"政策体系，作为碳达峰、碳中和工作的"四梁八柱"。2021 年 9 月，我国出台了《中共中央 国务院关于完整准确全面贯彻新发展理念做好碳达峰、碳中和工作的意见》（以下简称《意见》），明确了不同阶段的具体目标，制定了十个方面的重点工作任务，强化了组织领导、责任落实和考核监督的统筹协调。这是"1+N"政策体系中的"1"，在碳达峰、碳中和"1+N"政策体系中发挥统领作用。2021 年 10 月，我国出台了《2030 年前碳达峰行动方案》（以下简称《行动方案》），《意见》与《行动方案》共同构成贯穿碳达峰、碳中和两个阶段的顶层设计，其余的"N"则包括能源、工业、交通运输、城乡建设等分领域、分行业碳达峰实施方案，以及科技支撑、能源保障、碳汇能力、财政金融价格政策、标准计量体系、督察考核等保障方案（见表 1-3）。截至目前，"1+N"政策体系正在逐步完善。

表 1-3　碳达峰、碳中和文件政策体系列表

序号	发布时间	文件名称	发布部门	备注
1	2021 年 2 月 22 日	国务院关于加快建立健全绿色低碳循环发展经济体系的指导意见	国务院	政策体系中的 N

续表

序号	发布时间	文件名称	发布部门	备注
2	2021 年 9 月 3 日	关于加强产融合作推动工业绿色发展的指导意见	工业和信息化部、中国人民银行、中国银行保险监督管理委员会、中国证券监督管理委员会	政策体系中的 N
3	2021 年 9 月 11 日	完善能源消费强度和总量双控制度方案	国家发展改革委	政策体系中的 N
4	2021 年 9 月 22 日	中共中央、国务院关于完整准确全面贯彻新发展理念做好碳达峰、碳中和工作的意见	中共中央、国务院	政策体系中的 1
5	2021 年 10 月 18 日	国家发展改革委等部门关于严格能效约束推动重点领域节能降碳的若干意见	国家发展改革委、工业和信息化部、生态环境部、市场监管总局、国家能源局	政策体系中的 N
6	2021 年 10 月 24 日	2030 年前碳达峰行动方案	国务院	政策体系中最为重要的 N
7	2021 年 10 月 29 日	"十四五"全国清洁生产推行方案	国家发展改革委、生态环境部、工业和信息化部、科技部、财政部、住房和城乡建设部、交通运输部、农业农村部、商务部、市场监管总局	政策体系中的 N
8	2021 年 11 月 15 日	高耗能行业重点领域能效标杆水平和基准水平（2021 年版）	国家发展改革委、工业和信息化部、生态环境部、市场监管总局、国家能源局	政策体系中的 N
9	2021 年 11 月 30 日	贯彻落实碳达峰、碳中和目标要求 推动数据中心和 5G 等新型基础设施绿色高质量发展实施方案	国家发展改革委、中央网信办、工业和信息化部、国家能源局	政策体系中的 N
10	2022 年 1 月 17 日	国家发展改革委等部门关于加快废旧物资循环利用体系建设的指导意见	国家发展改革委、商务部、工业和信息化部、财政部、自然资源部、生态环境部、住房和城乡建设部	政策体系中的 N

续表

序号	发布时间	文件名称	发布部门	备注
11	2022 年 1 月 18 日	国家发展改革委等部门关于印发《促进绿色消费实施方案》的通知	国家发展改革委、工业和信息化部、住房和城乡建设部、商务部、市场监管总局、国管局、中直管理局	政策体系中的 N
12	2022 年 1 月 27 日	部门关于印发加快推动工业资源综合利用实施方案的通知	工业和信息化部、国家发展和改革委员会、科学技术部、财政部、自然资源部、生态环境部、商务部、国家税务总局	政策体系中的 N
13	2022 年 1 月 27 日	关于印发《全国工商联关于引导服务民营企业做好碳达峰、碳中和工作的意见》的通知	中华全国工商联合会	政策体系中的 N
14	2022 年 1 月 30 日	国家发展改革委、国家能源局关于完善能源绿色低碳转型体制机制和政策措施的意见	国家发展改革委、能源局	政策体系中的 N
15	2022 年 2 月 3 日	关于发布《高耗能行业重点领域节能降碳改造升级实施指南（2022 年版）》的通知	国家发展改革委、工业和信息化部、生态环境部、国家能源局	政策体系中的 N
16	2022 年 3 月 23 日	氢能产业发展中长期规划（2021—2035）年	国家发展改革委	政策体系中的 N

资料来源：中国政府网站、国家发展和改革委员会网站、国家工信部网站、人民网、新华网等。

（三）碳达峰、碳中和的内涵特征

做好碳达峰、碳中和工作，是党中央统筹国内国际两个大局，经过深思熟虑作出的重大战略决策，对中华民族永续发展和构建人类命运共同体意义重大。要实现碳达峰、碳中和目标，就必须处理好发展与减排、政府与市场、长期与短期、总体与局部的关系，就必须要做到经济社会全面绿色转型、生产生活方式深度变革。具体内容主要包括以下五个方面：一是能源结构清洁低碳安全高效。加快能源结构深度脱碳，加快摆脱对化石能源的依赖，增加可再生能源、清洁能源比例，推进绿色电力发展，促进我国能源转型和能源革命。二是产业结构绿色低碳循环。调整三次产业结构，从源头优化碳排放强度。减少农业领域降碳减污，加快发展现代服务业，促进制造业与服务业深度融合，加快传统高碳产业低碳化改造，积极发展绿色低碳产业，加大落后产能淘汰力度，严格两高项目上马，实现产业结构绿色低碳转型。三是低碳技术体系健全完善。双碳目标的实现需要技术上可行、经济成本上客观的低碳技术为其保驾护航，必须构建节能减排和提质增效的基础性低碳支撑技术、实现碳中和过程中净零排放的主导性零碳攻关技术、抵消生产活动碳排放的部署性负碳托底技术体系。四是生产方式深度变革。改变传统的高碳惯性依赖生产方式，实现经济发展与碳排放绝对脱钩，倒逼生产方式进行绿色生产变革，以更低的能源消耗率、更高的能源产出率支撑我国经济社会发展。五是生活方式绿色低碳。践行绿色低碳理念，树立绿色低碳消费观，倡导绿色出行，推行绿色建筑，呼吁节约资源能源，实现绿色低碳生活。

二、双碳目标下国家生态文明试验区建设的重大意义

2021 年 3 月 15 日，习近平同志在主持中央财经委员会第九次会议时强调，实现碳达峰、碳中和是一场广泛而深刻的经济社会系统性变革，要把碳达峰、碳中和纳入生态文明建设整体布局，拿出抓铁有痕的劲头，如期实现 2030 年前碳达峰、2060 年前碳中和的目标。2022 年 1 月 24 日，习近平同志在中共中央政治局第三十六次集体学习时再次强调：要把"双碳"工作纳入生态文明建设整体布局和经济社会发展全局中，坚持降碳、

减污、扩绿、增长协同推进。从国家层面已经明确碳达峰、碳中和目标实现与生态文明建设协同共进的客观事实。双碳目标引导国家生态文明试验区建设具有战略意义。

（一）明确新阶段生态文明试验区建设的战略方向

党的十八大以来，党中央确定了经济建设、政治建设、文化建设、社会建设、生态文明建设"五位一体"总体布局，生态文明成为中国特色社会主义建设的重要组成部分。经过近10年努力奋斗，我国生态文明建设取得了令人瞩目的成效，制度体系不断健全，环境质量不断提高，经济结构不断优化，生态文化不断丰富，尤其是以福建、江西、贵州、海南等国家生态文明试验区为代表，总结了一批可推广、可复制的建设成果。但是我们也要看到，国家生态文明试验区建设仍然存在诸多矛盾和挑战，新时期新阶段生态文明建设需要在巩固现有成果的基础上，不断突破新的战略方向。"十四五"时期，随着碳达峰、碳中和纳入生态文明建设大局中，国家生态文明建设进入了以降碳为重点战略方向、推动减污降碳协同增效、促进经济社会发展全面绿色转型、实现生态环境质量改善由量变到质变的关键时期。

（二）丰富新阶段生态文明试验区建设的具体内容

自党的十八大以来，生态文明理念已经深入人心，"绿水青山就是金山银山"，绿色发展、低碳发展、循环发展被普遍接受，在现有基础上，国家提出碳达峰、碳中和战略部署，无论是在思想层面，还是在技术层面，都已经有较好的基础和经验。从生态文明的内涵来看，碳达峰、碳中和的提出，利用双碳目标定量化推动生态文明建设的进程，是对生态文明思想的又一次丰富和完善。从碳达峰角度涵盖了能源、工业、建筑、交通、农业、生产生活等经济社会部门；从碳中和角度涉及山水林田湖草沙等生态系统；从碳交易角度推动了市场化手段促进生态文明建设的范围。可见，我们利用碳这一衡量维度，更加强化了生态文明建设的考核评价，更加丰富了生态文明的细分领域，更加凸显了新时期生态文明建设的新方向。

（三）完善新阶段生态文明试验区建设的支撑体系

碳达峰、碳中和目标背后是人类可持续发展的问题，必须突破单一的减碳思维，实现节约资源和保护环境的产业结构、生产方式、生活方式和空间格局。这与生态文明建设理念高度统一，两者密不可分。碳达峰、碳中和目标需要推动产业结构优化升级，发展绿色低碳产业，遏制"两高"项目发展，能够支撑生态文明试验区产业绿色发展。碳达峰、碳中和目标需要强化能源双控管理，严格控制化石能源消费，积极发展可再生能源，提升能源利用率，持续巩固提升碳汇能力，能够支撑生态文明实验区生态环境保护与优化。碳达峰、碳中和目标需要建设低碳交通运输体系，提升城乡建设绿色低碳发展质量，能够支撑生态文明试验区绿色生活方式形成。碳达峰、碳中和目标需要绿色低碳重大科技攻关与应用，提升对外开放绿色低碳发展水平，健全法律法规标准和统计监测体系，能够支撑生态文明试验区体制机制创新发展。将碳达峰、碳中和目标与生态文明建设目标有机结合起来，实现相互促进相互补充，形成强劲的支撑合力。

三、双碳目标下国家生态文明试验区建设的主要任务

《中共中央 国务院关于完整准确全面贯彻新发展理念做好碳达峰、碳中和工作的意见》和国务院印发《2030年前碳达峰行动方案》两个文件作为整个碳达峰、碳中和"1+N"政策文件体系中最为重要的两个，明确了经济社会全面绿色转型的战略方向和总体要求，明确各地区、各

领域、各行业碳达峰、碳中和的目标任务。这将成为国家生态文明试验区建设在新阶段的重要抓手。在生态文明建设的过程中，以碳达峰、碳中和目标为引导，从源头减少含碳资源投入，到过程降低碳排放，再到末端固碳治碳汇碳。"十四五"时期是碳达峰的关键期、窗口期，是加快实现经济社会发展全面绿色转型和高质量发展、全面建设社会主义现代化强国的重要阶段。结合国家生态文明试验区的工作，重点从以下七个方面全面发力：

（一）全面转型，在经济绿色崛起方面有新作为

国家生态文明试验区需立足生态文明建设的现有成果，加快经济体系全面绿色低碳转型，助力经济增长与能源消耗、碳排放脱钩，构建绿色制造体系，实现高质量跨越式发展，在经济绿色崛起中作示范。这既是做好碳达峰、碳中和工作的重中之重，也是生态文明建设的重要内容。一是进一步推动产业结构优化升级。调整优化三次产业占比，推动产业结构的绿色化和低碳化，鼓励生态绿色农业发展，实现制造业供应链产业链现代化高级化，深化新一代信息技术与制造业融合发展，扶持现代服务业做大做强，建立健全绿色、低碳、循环发展的产业体系。二是进一步推动传统产业绿色转型。针对石化、化工、钢铁、煤化工、有色、建材、煤电等传统产业、高耗能高排放高污染行业，加大落后产能淘汰力度，引导数字化智能化改造，加快节能降耗、提质增效技术改造，遏制"两高"项目盲目上马，实现传统产业高端化、智能化、绿色化发展。三是进一步推动绿色低碳产业发展。以战略性新兴产业和高新技术产业为引领，大力发展新一代信息技术、新能源、清洁能源、新材料、节能环保、基础设施绿色升级、绿色服务等绿色低碳新兴产业发展，提高绿色低碳产业在产业体系中的比重。

（二）协同增效，在节能减污降碳方面有新作为

国家生态文明试验区建设已经迈入生态环境质量改善由量变向质变过渡的阶段。在蓝天、碧水、净土三大污染防治攻坚战方面取得了良好成

效，在生态环境质量提升方面发挥出了引领示范作用。下一步根据"同根、同源、同过程"特征，继续发挥节能减污降碳的协同效益，促进生态环境质量持续改善，努力建设人与自然和谐共生的现代化。一是构建绿色清洁能源体系。优化调整现有的能源结构，处理好不同能源品种在调整阶段的互补、协调、替代关系，健全能源绿色低碳转型的安全保供体系，建立支撑能源绿色低碳转型的科技创新体系，构建好能源跨区域生产输送的协调合作体系。二是完善节能降耗管理机制。严格落实能源消费强度与总量双控制度，加强项目节能审查、验收、监督全过程管理，加强节能监察和执法，加大各级生态环保督察力度，推行能源资源等量化、减量化替代方案，促进能源资源集约节约利用，提高能源资源产出效率，实现能源资源高效利用与合理配置。三是加强减污降碳协同治理。继续打好污染防治攻坚战，从污染物减排转向减污降碳协同治理，将碳减排纳入现有环境保护目标，制定碳达峰方案，明确时间路线图，不断提升环保基础能力水平，加大燃煤锅炉逐步淘汰、替换力度，在重点区域、行业、企业实施提标改造工程，充分发挥在线监测平台作用，扎实推进污染排放深度治理，充分发挥碳减排与污染治理的协同效应。

（三）管控结合，在国土空间保护方面有新作为

国土资源作为生态文明建设的重要基石，在国家生态文明试验区建设过程中发挥重要作用，同时对于碳达峰、碳中和目标而言，国土资源是生态系统碳汇能力的基石。国家生态文明试验区建设要继续强化国土空间管控力度，提高生态系统自然碳汇能力，为生态产品价值实现和"两山"转换通道畅通奠定基础。一是科学制定国土空间规划。严格土地用途管控，严守国土开发边界和生态保护红线，做到生态功能区面积不减少、性质不改变、功能不减弱，健全国土空间保护利用制度。二是加强生态系统保护和修复。继续开展山水林田湖草沙等一体化保护和修复，改善自然生态系统结构质量，提高生态保护效果，发挥生态规模效应，提升生态产品有效供给能力，增强生态系统碳汇能力。三是加强自然资产价值核算。进一步

梳理明确自然资产清单，科学确定核算自然资产价值的原则和方法，逐步完善自然资产负债表，有序推进自然资源资产生态产品价值实现，条件成熟的地区先行先试，形成一批可推广可复制的经验做法。

（四）重点突破，在创新驱动发展方面有新作为

国家生态文明试验区建设走的就是一条先行先试，不断创新的发展之路，科技创新是生态文明建设的根本动力。在双碳目标引领下，国家生态文明试验区搭建好各类科技创新平台，营造良好创新环境招才引智，发挥企业主体创新能动性，积极引导省内高校院所加强碳达峰、碳中和基础性、前沿性、应用型的研究，调动政府和社会资本加大研发投入，在关键卡脖子环节重点攻破，实现创新驱动生态文明走深走实。一是产品设计领域。引入生态理念，加大研发投入，使用新材料减量替代，实现绿色新产品的突破。二是生产制造领域。重点突破工艺流程的优化、智能化数字化的应用，加快推广清洁生产，提高资源能源产出效率，实现生产制造过程绿色化。三是污染治理领域。强化三废治理手段开发创新，侧重在线监测集成技术开发，加大资源循环利用和变废为宝研发投入，减少污染物排放总量，提升污染物处理效果。四是节能低碳领域。注重节能提质增效等绿色低碳技术的攻关，优先发展能源深度脱碳、可再生能源发电、核电、氢能和氨能等技术，探索碳捕捉、利用、封存等领域的负碳技术，优化能源体系的"源—网—荷—储"系统集成技术。

（五）共建共享，在绿色生活方式方面有新作为

进一步将生态文明理念普及推广，让全社会成员深入了解接受生态文明理念，将生态文明融入日常生活中，形成勤俭节约、绿色低碳、文明健康的生活方式，助力碳达峰、碳中和目标和巩固生态文明建设成果。一是提倡绿色低碳的出行方式。优化交通运输结构和运输方式，提高绿色智能交通比重；优先发展城市轨道、城乡公交、共享交通等公共交通，鼓励交通领域租赁行业发展；推广新能源汽车的应用，加快建设新型基础设施，

尤其是汽车充电设施的建设；完善个人碳足迹查询，实行个人、家庭、单位集体碳汇核算。二是推广绿色低碳的建筑结构。提高绿色建筑比例，推行装配式建筑，鼓励使用节能环保型建筑材料，大力发展光伏屋顶，加大建筑中使用地热能、空气能等可再生能源。三是鼓励居民绿色低碳消费。杜绝铺张浪费，倡导节约资源能源，减少一次性物品使用，鼓励政府和个人采购绿色产品，逐步推行生活垃圾强制分类，配套完善垃圾收集、转运、处置利用体系。四是形成绿色低碳创建氛围。在全社会推进绿色低碳机关、绿色低碳学校、绿色低碳社区、绿色低碳家庭、绿色低碳商场等创建，持续推进节水型试点示范创建，打造一批极具特色和成效突出的生态文明基地，形成生态文明全民参与的良好氛围。

（六）先行先试，在试点示范创建方面有新作为

生态文明试验区的建设要进一步推进试点示范建设，从宏观层面、中观层面、微观层面共同联动，推广总结经验，实现生态优先、绿色发展，打造"美丽中国"建设样板。一是打造整体区域试点示范。立足国家生态文明试验区战略定位，围绕试验区特色优势和短板不足，选择生态文明主要发展方向，精准施策重点突破，在生态文明体制机制创新、生态环境保护与治理、生态产品价值实现、"两山"转换通道、碳达峰、碳中和实现路径与机制等方面争做全国范围示范。二是打造重点领域试点示范。支持试验区不同类型地区、重点关注行业深入推进生态文明建设，探索绿色发展新模式。总结生态优势、传统文化、资源枯竭、工业污染、创新发展等不同类型区域的生态文明建设实践，形成可推广、可复制的经验，发挥引领带动作用。传统"两高"行业实行碳达峰先行先试，制造业领域率先做到节能减污降碳协同增效，完成重点领域的生态文明新阶段建设任务。三是打造单个主体试点示范。围绕各级政府、学校、医院、社区、园区、企业等生态文明建设主体，积极推广国家部委在生态、绿色、节约、低碳、循环等方面的试点示范创建工作，同时结合各个试验区实际，在重点突破领域创建自己的试点示范，最终形成以点带面、点面结合的生态文明建设

模式。

（七）深化改革，在体制机制创新方面有新作为

持续深化生态文明体制改革，必须把制度建设作为重中之重，统筹抓好改革创新、制度落地、系统协同、复制推广，推进生态文明领域治理体系和治理能力现代化。政府部门制定行之有效的政策体系，利用市场手段撬动社会资本力量，形成覆盖各个相关利益主体的制度体系。一是法律法规层面。加强涉及生态环境的地方性法规和政府规章的立改废释，推动省域、跨流域、跨区域环境资源保护司法机构全覆盖，加快构建与生态文明试验区建设相联动的生态环境法规体系和环境资源司法保护体系；健全生态环境行政执法与司法的衔接机制，推动生态文明领域的公益诉讼，加强生态环境执法力度和基层执法队伍建设，加大生态文明建设的法治宣传力度。二是政府统筹层面。构建国土空间规划管控制度、山水林田湖草沙保护与综合治理制度、绿色低碳循环产业发展制度、节能减污降碳协同增效制度、生态文明绩效考核和责任追究制度等，全面建立源头管控、过程监督、责任落实制度体系。三是市场运作层面。坚持市场为主导，建立激励机制，大理发展绿色金融，吸引社会资本参与生态文明试验区建设，推行市场化生态环境保护、治理和修复机制，完善排污权、用能权、碳排放权等交易市场建设，探索生态产品价值实现市场化手段，积极发挥价格机制作用，倒逼经济社会全面绿色转型发展。

四、整体研究框架

本书从国家生态文明试验区（江西）的建设现状开始，探索国家生态文明试验区（江西）的战略定位、具体举措、建设成效和存在的问题；综

合江西实际情况，根据区域异质性提炼和总结了生态优势区域、传统文化区域、资源枯竭区域、创新引领区域四个区域类型，分析每种类型的内涵和特征、生态文明建设的关键制约、突破路径；在每种区域类型选择一个具体的县（区）作为典型案例，重点研究该案例点在生态文明建设中总体思路、面临的困境、具体举措、整体成效和特色案例；综合上述研究内容，借鉴国家生态文明试验区（福建）和国家生态文明试验区（贵州）生态文明建设的经验启示，提出双碳目标下国家生态文明试验区（江西）建设的提升路径与政策（见图1-1）。

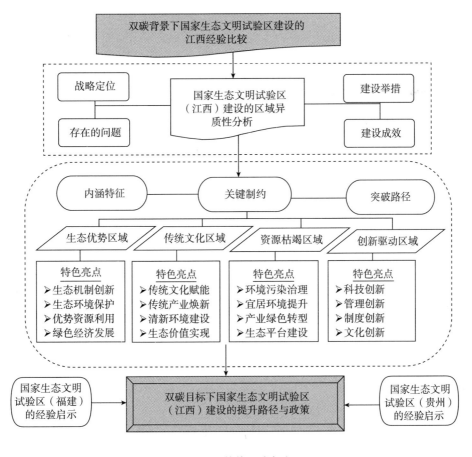

图 1-1　整体研究框架

17

第二章
国家生态文明试验区（江西）的建设现状

习近平总书记视察江西时指出，绿色生态是江西最大财富、最大优势、最大品牌，一定要保护好，做好治山理水、显山露水的文章，走出一条经济发展和生态文明水平提高相辅相成、相得益彰的路子，打造美丽中国"江西样板"。江西既是革命老区，也是我国南方地区重要的生态安全屏障，面临着发展经济和保护环境的双重压力。江西探索如何发挥生态优势，使绿水青山产生巨大生态效益、经济效益、社会效益的新路径，对于中部地区绿色崛起、探索大湖流域保护与开发新模式，实现生态保护与生态扶贫双赢，推动生态文明共建共享，探索形成人与自然和谐发展新格局具有重要意义。

根据《国家生态文明试验区（江西）实施方案》，江西省在国家生态文明试验区建设中，围绕山水林田湖草综合治理样板区、中部地区绿色崛起先行区、生态环境保护管理制度创新区和生态扶贫共享发展示范区四个战略定位先行先试，积极探索创新发展的路径和举措，取得令人瞩目的成效和经验，同时也面临亟须解决的挑战和压力。

江西要推动生态文明试验区建设与打赢脱贫攻坚战、促进赣南等原中央苏区振兴发展等深度融合，探索生态扶贫新模式，进一步完善多元化的生态保护补偿制度，建立绿色价值共享机制，引导全社会参与生态文明建设，让广大人民群众共享生态文明成果。

18

一、国家生态文明试验区(江西)的建设举措

国家生态文明试验区（江西）在生态文明建设的措施主要围绕五个方面展开，分别是创新生态文明体制机制、打好污染防治攻坚战、山水林田湖草综合治理、城乡环境综合整治、构建生态产业体系。

（一）创新生态文明体制机制

1. 建立"源头严防"管控体系

（1）在自然资源产权改革方面，建立自然资源统一确权办法和登记体系，深化自然生态空间用途管制试点，出台实施统筹推进自然资源资产产权制度改革意见，启动编制自然资源产权主体权力清单；农村土地"三权分置"全面铺开，铜鼓县等非国有森林赎买试点有序推进。

（2）在国土空间管控体系方面，全面落实主体功能区规划，统筹划定"三区三线"，建立"四级三类"国土空间规划体系，构建全省国土空间规划"一张图"；初步划定生态保护红线4.6万平方千米，占江西面积的28.06%，划定永久基本农田3693万亩，建立永久基本农田储备区制度；完成资源环境承载能力监测预警机制基础评价全面实行重点生态功能区产业准入负面清单；科学整合优化各类自然保护地，加快构建自然保护地体系。

2. 完善"过程严管"监督体系

（1）在生态环境监管体制方面，2020年1月在全国率先出台《江西省流域综合管理暂行办法》，健全完善以五级河长制、湖长制、林长制为核心的全要素全领域监管体系；流域监管执法体制改革深入推进，创新地域与流域相结合的环境资源司法体系，率先设立赣江流域生态环境监管机构，生态

环境综合执法、环境资源审判、生态检察等改革全面推开，省级环保督察实现设区市全覆盖；出台实施构建现代环境治理体系改革措施，全面建立"三线一单"生态环境分区管控体系，环保监测执法垂管改革全面落地。

（2）在绿色发展引导机制方面，积极落实能源消费总量和能耗强度"双控"制度，出台燃煤电厂超低排放电价补贴、电机能效提升财政补助等政策，在江西建立居民阶梯水价制度；推进赣江新区绿色金融改革，完善绿色企业、绿色项目认定和环境信息披露等制度；建设用地"增存挂钩"、开发区"以亩产论英雄"等节约集约用地制度全面施行；绿色生态技术标准创新基地有序推进。

（3）在生态价值转化机制方面，自然资源产权制度更加完善，农村两权抵押贷款、水权市场改革深入推进。深入推进抚州国家生态产品价值实现机制试点，制定生态产品与资产评估核算办法，浮梁、武宁、湾里等省级试点形成初步成果。绿色金融改革取得重大进展，绿色金融发展指数排名全国第四，绿色市政专项债、"畜禽洁养贷"等十余项改革经验被中央银行采纳并推广。赣州、吉安普惠金融改革试验区成功获批，开展"两山银行"、"湿地银行"制度试点，2020 年，江西绿色信贷余额达到 2586.6 亿元、同比增长 20%。推进自然资源资产有偿使用试点，加快探索生态产品评估、抵押、转化路径；实现固定污染源排污许可全覆盖，用能权有偿使用和交易试点、排污权交易等市场化改革稳步推进。

3. 健全"后果严惩"责任体系

（1）在生态文明考核评价机制方面，2017 年 6 月出台《江西省生态文明建设目标评价考核办法（试行）》，开展全省绿色发展评价，全面推行全省生态文明建设目标考核制度，创新生态环境保护委员会管理机制，绿色发展的"指挥棒"更加有力。

（2）在生态责任追责机制方面，全面推行自然资源资产负债表制度，常态化开展自然资源资产离任审计，落实环保"一票否决"制度；全面实行生态环境损害赔偿和责任追究制度，省级环保督察及"回头看"实现设区市全覆盖。

（二）打好污染防治攻坚战

1. 蓝天保卫战

坚持"一企一策"、"一城一策"，深入开展"四尘三烟三气两禁"整治行动；超额完成火电机组超低排放改造任务，实施成品油质量升级、柴油货车污染整治、工业锅炉煤改清洁能源行动，全面实施工业废气污染治理、农作物秸秆禁烧政策。

2. 碧水保卫战

深入实施城镇污水处理提质增效三年行动，持续开展饮用水水源地保护、入河排污口治理和"清磷"整治工程，2020年，江西110座城镇污水处理厂基本完成提标改造，完成重点区域14个城镇生活污水处理厂一级A提标改造，所有开发区建成污水处理设施，运营开发区污水处理厂全部达到一级B排放。

3. 净土保卫战

推进城镇生活垃圾、建设用地污染、危险废弃物等专项整治，加快推进南昌、宜春垃圾分类试点，2019年2月印发《江西生活垃圾焚烧设施布点规划（2018-2030年）》，2020年，全省建成垃圾焚烧处理设施29座、日处理能力2.6万吨，危险废物年处置能力达到48.5万吨，全面推行城乡垃圾一体化处理和政府购买服务。新版"限塑令"在江西有序推行，化肥农药使用量进一步下降。

4. 长江经济带保卫战

推进长江经济带"共抓大保护"，深入实施生态环境污染治理"4+1"工程和十大攻坚行动，推进"三水共治"、水岸联动、系统整治，推进长江干流及重要支流、湖泊岸线综合治理。圆满完成长江沿岸非法码头整治工作，沿江累计拆除非法码头87个，治理废弃矿山11115亩，清理小化工企业37家，修复长江岸线7529米，完成复绿种植面积65.9万平方米。长江干流江西段所有水质断面达到二类标准。加快推进长江经济带九江绿色发展示范区建设，推动石化、轻纺等传统产业技改升级，大力发展新型

21

电子、新材料、新能源等新型临港产业，着力打造百里长江"最美岸线"。江西省长江大保护工作机制、与三峡集团央地合作模式等获国家推广。

5. 资源节约保卫战

实施节能节地节水行动，全面推进"亩产论英雄"制度，大力开展节地增效行动，2020 年，江西消化批而未用土地面积 20.44 万亩；深入实施节水专项行动，万元工业增加值用水量下降 6.5%；退出煤炭产能 334 万吨，新能源和可再生能源装机容量占比达 46%，能耗双控完成国家"十三五"目标。

（三）山水林田湖草综合治理

1. 构建一体化生态屏障

坚持山水林田湖草生命共同体理念，强化综合治理、系统治理、源头治理，促进生态系统良性循环和永续利用。深入实施国土绿化、森林质量提升、湿地保护修复等重大工程，2020 年，完成造林 114.7 万亩、封山育林 110.3 万亩、低产低效林改造 176.8 万亩，修复湿地 1095.7 公顷，下达生态公益林补偿资金 11.2 亿元，补偿标准居中部首位。森林覆盖率稳定在 63.1%，自然保护地数量达 547 处，占国土面积的 11.46%。

2. 实施系统性生态修复

推进生态鄱阳湖流域建设行动，出台流域保护治理规划，划定河流管护范围 5042 千米。2019 年，新建高标准农田 296 万亩，治理水土流失面积 1529 平方千米。建成鄱阳湖湿地生态预警监测系统，鄱阳湖湿地生态补偿范围扩大至 12 个县，江西湿地面积保持在 91 万公顷。同时深入实施系统保护和全流域治理，持续开展鄱阳湖越冬候鸟和湿地保护、野生动植物资源保护等专项行动，长江干流江西段、鄱阳湖等重点水域全面同步禁捕。2020 年，完成废弃矿山生态修复 6.6 万亩，治理水土流失面积 12.7 万公顷，水土流失面积和强度实现"双降"。

3. 打响山水林田湖草综合治理品牌

全面实施山水林田湖草综合治理行动计划，推进流域水环境保护、水土流失治理、矿山环境修复、生物多样性保护等重点工程 110 余项，山区崩岗治理"赣南模式"、废弃矿山修复"寻乌经验"获得国家部委肯定，加快探索南昌城市滨湖地区山水林田湖草综合治理新模式，深入推进赣州国家山水林田湖草生态保护修复试点，深入推进吉安山水林田湖草生命共同体示范区建设，深入推进九江长江"最美岸线"、昌铜高速生态经济带、吉安百里赣江示范带等建设，加快探索南昌城市滨湖地区综合治理新路径、吉安千烟洲小流域综合治理新模式，探索形成一批典型经验和典型模式，山水林田湖草综合治理样板区品牌进一步打响。

（四）城乡环境综合整治

深入实施城市功能与品质提升三年行动，推进城市生态修复、功能完善，设区市城区黑臭水体基本消除，全省中心城区道路机扫率达 86.49%。持续推进农村人居环境整治三年行动，2019 年，统筹 63 亿元资金推进 2 万个村组整治和 36 个美丽宜居试点县建设，59 个县实施城乡环卫"全域一体化"第三方治理，完成农户改厕 56.09 万户；2020 年，完成村组整治 2 万个，新建改建农厕 80.3 万户，全面推行"五定包干"村庄环境管护机制，在中部省份率先通过农村生活垃圾治理国检验收。

（五）构建生态产业体系

1. 生态产业化

深入推进绿色有机农产品示范省建设，实施农业结构调整"九大工程"，2020 年，新建高标准农田 302 万亩，超额完成国家下达的任务。农药化肥使用量连续四年下降。"两品一标"农产品数量达 3482 个，创建 10 个国家农产品质量安全县，6.7 万家农业经营主体纳入追溯管理体系，农产品抽检合格率稳定在 98% 以上。大力发展中医药、大健康等产业，中国（南昌）中医药科创城、上饶国家中医药旅游示范区、宜春"生态+"大健康试点加快推进，2020 年，江西林业经济总产值达到 5112 亿元，旅游接待总人次、总收入分别为 5.5 亿人次、5400 亿元。

2. 产业生态化

坚持高端化、智能化、绿色化方向，深入实施"2+6+N"产业高质量跨越式发展行动，加快培育壮大六大优势产业，大力推进铸链强链引链补链工程。2020 年，江西航空、电子信息产业营业收入分别增长 20%、13%，电子信息产业营业收入突破 5000 亿元；出台实施数字经济、新型基础设施建设三年行动计划，数字经济增加值达 8500 亿元；工业技改投资增长 16.4%，占工业投资比重达 39.2%。推进上饶、永丰等国家大宗固废综合利用基地建设，开展循环化改造的园区比例达到 75%。

二、国家生态文明试验区（江西）的建设成效

经过五年（2015～2020 年）建设，国家生态文明试验区（江西）的成效主要包括生态机制成效、环境治理成效、绿色经济成效、生态惠民成效和样板创建成效五个方面。

（一）生态机制成效

试验区 38 项重点改革任务全部完成，山水林田湖草保护修复、全流域生态补偿、国土空间规划、环境治理体系、绿色金融改革、河湖林长制等改革走在全国前列，抚州市生态价值转化、萍乡市海绵城市建设、景德镇市"城市双修"、绿色发展"靖安模式"、废弃矿山修复"寻乌经验"、农村宅改"余江经验"等成为全国典范，全省 35 项改革举措和经验成果列入国家清单并在全国推广，生态文明制度"四梁八柱"全面构建。

（二）环境治理成效

从 2015 年开始，江西生态环境质量在高水平基础上持续改善了五年，

到 2020 年，全省森林覆盖率稳定在 63.1%，湿地保有量 91 万公顷，城市建成区绿地率全国第二，率先实现"国家森林城市"、"国家园林城市"设区市全覆盖。空气优良天数比例达 94.7%，PM2.5 平均浓度 30 微克/立方米，国考断面水质优良率达 96%，长江干流江西段所有水质断面达到Ⅱ类标准，全省带着Ⅳ类及以上水进入全面小康。

从工业废水、废气和工业固废产生情况来看，2020 年，江西万元工业增加值化学需氧量排放量为 9.15 千克/万元，不到全国平均水平的 30%，仅为贵州的 48.67%，但仍比福建高 6.099.15 千克/万元；江西省万元工业增加值二氧化硫排放量为 0.41 千克/万元，在三个国家生态文明试验区中位居第二，仅为全国平均水平的 32.72%，比贵州省（0.47 千克/万元）低 13 个百分点；江西省万元工业增加值一般固废产生量为 1.16 千克/万元，不到全国平均水平的 30%，仅为贵州省的 48.67%（见图 2-1）。

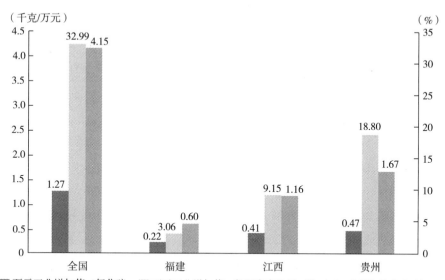

图 2-1　2020 年全国与三省份万元工业增加值化学需氧量、二氧化硫、
一般固废产生量情况

（三）绿色经济成效

江西省主要经济指标增速保持全国前列，2020年，GDP总量排位由第18位前移至第15位，战略性新兴产业、高新技术产业增加值占规上工业比重分别达到22.1%、38.2%，数字经济增加值占GDP比重达到30%，三次产业结构由10.2：49.9：39.9优化调整为8.7：43.2：48.1。

万元GDP二氧化碳排放量[①]方面，从时序上来看，江西万元GDP二氧化碳排放量"十三五"期间呈下降趋势，从2016年的0.669吨/万元下降到2020年的0.481吨/万元，五年平均降幅为7.83%（见图2-2）。从省际万元GDP二氧化碳排放量绝对量来看，在三个第一批国家生态文明试验区中，福建排放量最低（2020年为0.317吨/万元），其次为江西（2020年为0.481吨/万元），贵州的万元GDP二氧化碳排放量最高（2020年为0.706吨/万元）。除福建外，其余两个国家级生态文明试验区的万元GDP二氧化碳排放量均高于全国的平均水平0.452吨/万元。从省际万元GDP二氧化碳排放量变化率来看，贵州的万元GDP二氧化碳排放量降幅是最快的，五年平均降幅为12.35%，比江西和福建分别高4.52个百分点和4.60个百分点。

（四）生态惠民成效

2020年，江西居民人均可支配收入28017元，比上年增长6.7%。其中，城镇居民人均可支配收入38556元，增长5.5%，农村居民人均可支配收入16981元，增长7.5%。城乡居民收入比2.27：1，比上年减小0.04。通过比较2020年全国与江西、福建和贵州三个国家生态文明试验区的居民收入水平发现，江西的居民人均可支配收入水平在三个国家生态文明试验区中排名第二，比排名第一的福建低9185元，比排名最后的贵

---

① 二氧化碳排放量的计算是根据《2006年IPCC国家温室气体清单指南》，通过原煤、洗精煤、其他洗煤、型煤、焦炭、焦炉煤气、其他煤气、原油、汽油、煤油、柴油、燃料油、液化石油气、炼厂干气、天然气、其他油品、其他焦化产品、其他能源18种化石能源终端消费量计算而得。

（吨/万元）

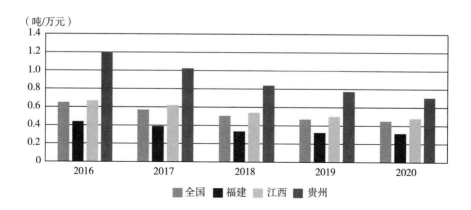

图 2-2　2016~2020 年全国与三省份万元 GDP 二氧化碳排放量

州高 6222 元（见图 2-3）。从城乡收入比来看，江西和福建的城乡收入比约为 2.3∶1，远低于贵州的 3.10∶1 和全国的 2.56∶1。这充分说明江西的城乡收入差距处于比较理想的水平。

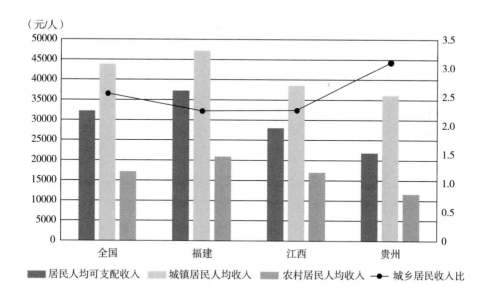

图 2-3　2020 年全国与三省份居民人均可支配收入情况

江西列为国家生态综合补偿试点省，2019 年，全年筹集流域生态补偿资金 39.22 亿元，建立省内上下游横向生态保护补偿机制，启动新一轮东江流域生态补偿，建立赣湘渌水流域横向生态保护补偿制度，加快构建市场化多元化生态补偿机制。2020 年，生态公益林补偿金额达到 11.2 亿元，补偿面积 5137 万亩；累计建成光伏扶贫电站 3.9 万座，惠及贫困户 36.78 万户；选聘生态护林员 2.38 万人，带动 7 万人口实现脱贫，遂川、乐安、上犹、莲花等生态扶贫试验区成功实现脱贫摘帽。加快推广碳普惠、垃圾兑换银行等绿色活动，全省设区市城区绿化覆盖率、绿地率位居全国前列，新创建 3 个"中国天然氧吧"、12 个"避暑旅游目的地"，人民群众生态获得感进一步增强。

（五）样板创建成效

赣州市山水林田湖草保护修复经验向全国推广，成功创建鄱阳湖国家自主创新示范区、景德镇国家陶瓷文化传承创新试验区、萍乡国家产业转型升级示范区、抚州国家生态产品价值实现机制试点、九江长江经济带绿色发展示范区等重大平台先后落地。截至 2021 年，创建全国"两山"实践创新基地 4 个、国家生态文明建设示范市县 11 个，数量居全国前列。井冈山、婺源、资溪列入首批国家全域旅游示范区。加快推进 54 个省级生态文明示范县、139 个省级生态文明示范基地建设，打造形成一批示范样板。

三、国家生态文明试验区（江西）建设中
存在的问题

实现碳达峰、碳中和是加快生态文明建设、推进区域经济高质量发展

的重要内容。江西作为国家首批国家生态文明试验区之一和生态产品价值实现试点地，坚定不移走生态优先、绿色低碳的高质量发展道路，不断巩固提升生态环境质量，加快经济社会发展转型升级，生态文明建设取得一定成效，但是存在的统筹经济发展与生态保护面临较大压力、能源消费结构仍没有彻底改变、生态环境保护形势依然严峻、生态文明制度建设领域治理能力仍需加强等问题需要进一步解决。

（一）统筹经济发展与生态保护面临较大压力

江西资源能源消耗持续增长，环境约束趋紧，经济总量不大、产业层次偏低、产业结构不优、关键领域创新能力不强等问题仍然比较突出，特别是面对能源资源约束进一步趋紧、碳达峰约束明显加强等形势要求，节能减排降碳任务非常艰巨。2020 年，江西能源消费总量为 9808.58 万吨标准煤，比 2016 年增长了 1078.52 万吨标准煤，年平均增长率为 3.09%；2020 年，万元 GDP 能源消费量为 0.382 吨标准煤/万元，比 2016 年的 0.475 吨标准煤/万元下降了 0.093 吨标准煤/万元，年平均下降幅度为 3.92%。

（二）能源消费结构仍没有彻底改变

"十三五"期间，江西省天然气、水电、核电、风电等清洁能源消费量占能源消费总量的比例有所提升，但以煤炭为主的能源结构还没有彻底改变。煤炭、石油和天然气等化石能源总和占能源消费总量的比重从 2016 年的 85.86% 下降到 2020 年的 83.54%，其中煤炭占能源消费总量的比重五年仅下降了 2.37 个百分点，从 2016 年的 65.23% 优化到 2020 年的 62.86%。而 2020 年天然气占能源消费总量的比重为 3.76%，比 2016 年提升了 0.72 个百分点；核电、水电、风电以及太阳能发电所发出的一次电力占比从 2016 年的 8.09% 提高到 2020 年的 8.46%，年平均增长率为 0.093%。

（三）生态环境保护形势依然严峻

江西环保基础设施历史欠账较多，少数部门和地方对生态文明的认识还不到位，导致生态保护治理投入仍然不足。环境污染问题仍时有发生，水污染治理、化工园区整治、危险废物处置、农业面源污染治理任务依然艰巨，生态环境问题整改仍需持之以恒推进。一些地方落实资源有偿使用和生态补偿等制度不严格，不同程度地存在监管职能交叉、权责不一致、违法成本低的问题。例如，在危险固体废物的收集和处理上，有的单位或企业仍然存在非法填埋、非法转移的问题，对生态环境安全构成威胁。总体来说，环境污染、生态破坏和资源紧缺依然是制约江西经济社会可持续发展的突出瓶颈。

（四）生态文明制度建设领域治理能力仍需加强

部分制度间统筹衔接和系统集成不够，制度落地生效需进一步抓紧抓实，相关政策法规体系有待健全。生态环保多元化投入机制仍不完善，生态环保市场化改革仍需加快。尤其是生态文明制度落地生效还需进一步抓紧抓实，制度建设的系统性、协同性有待进一步增强，生活垃圾分类、生态环保市场化改革等仍需加快步伐，生态文明的政策法律体系有待健全。部分地方经济社会发展绩效评价不够全面、责任落实不到位，不同程度地存在环境保护的形式主义、官僚主义等问题。

第三章

国家生态文明试验区（江西）
建设的区域异质性分析

生态文明建设是中国特色社会主义事业的重要内容，党的十八大、十九大对加快生态文明建设提出了系列要求。现在全国各地都在通过产业绿色转型、节能减排、使用清洁能源、加大生态环境保护宣传等方法加强生态文明建设，以改善目前的生态环境，促进人与自然的协调发展。但是纵观与生态文明建设相关的文献，研究生态文明建设区域差异的研究并不多，所以本书选择国家生态文明试验区（江西）作为具体案例，比较双碳背景下江西各地生态文明建设的做法经验，通过提炼和总结若干种生态文明建设模式，不仅可为江西生态文明建设进一步跨越提升提供理论参考，还可以为我国相似区域类型的生态文明建设提供重要的理论依据。

一、江西生态文明建设的区域异质性划分

一直以来，江西全省上下都积极参与生态文明建设，为实现建设生态文明先行示范区、打造美丽中国"江西样板"的目标作共同努力。尤其是2017年，江西获批第一批国家生态文明试验区后，江西省各级政府根据地

31

方生态环境情况、资源禀赋资本、经济发展水平、城市特色选择符合地方实际情况的生态文明建设路径和模式。本书课题组通过对江西省萍乡市、九江市、赣州市、新余市、上饶市等地生态文明建设的做法进行调研后，根据地方生态环境禀赋、经济发展动力、历史积淀等，将江西省生态文明建设模式依据区域异质性大体分成生态优势区域、传统文化区域、资源枯竭区域和创新引领区域四种类型。

（一）生态优势区域的内涵和特征

良好生态环境是最公平的公共产品，是最普惠的民生福祉。江西森林覆盖率63.1%，活立木蓄积量4.45亿立方米，均位居全国前列；全省97.7%的面积属于长江流域，水资源比较丰富，人均拥有水量高于全国平均水平，生态优势非常明显。

生态优势区域，顾名思义就是指生态环境优美、生态资本丰厚，绿色青山较多的区域，但是这类区域产业发展过程中受到较多限制，产业基础相对薄弱，经济发展往往相对落后。以九江武宁县为例，该县生态优良、资源丰富，属于全国生态示范区，全县森林覆盖率74.04%，拥有大小河流603条，水域面积289.23平方千米，现有省级自然生态保护区1个，县级自然生态保护区5个，国家级生态乡镇16个，省级生态乡镇3个。山环水绕的武宁城先后获得"国家卫生县城"、"国家园林县城"、"全国平安县"、"全国文明县城"等一系列荣誉称号，并成功入选"中国最美小城"50佳。但是经济总量较小，2020年，生产总值175.79亿元，同比增长4%，财政总收入22.57亿元，同比增长7.8%。

（二）传统文化区域的内涵和特征

千年古县文化保存着人们对自然环境和人文环境的特有认识和思考方式，记录着中华民族在长期历史进程中形成的价值观和审美理念。传统文化区域主要是指从过去到现在积累了很多的文化，留下了很多的遗迹，现在成了当地有名的历史文化古城，积淀了丰厚的传统文化，为旅游产业开发提供较好的基础。

以景德镇浮梁县为例，浮梁县始建于公元 621 年，以瓷器和茶叶生产著称于世。浮梁被誉为"世界瓷都之源"。"新平冶陶，始于汉世。"浮梁县"水土宜陶"，陶瓷烧造历史源远流长，瓷业在中国乃至世界制瓷发展史上都占有重要位置，丰富的瓷土资源、窑柴资源以及便捷的水运资源成就了浮梁作为"瓷之源"的辉煌历史，浮梁当时作为全国陶瓷制作的中心，八方工匠纷至沓来，千年窑火生生不息。浮梁被誉为"中国名茶之乡"，创造过"浮梁歙州，万国来求"、"浮梁之茗，闻于天下"的盛况。浮梁工夫红茶于 1915 年荣获"巴拿马万国博览会"金奖，2016 年，浮梁被中国茶业学会授予"中国名茶之乡"称号，2017 年，被评为全国十大魅力茶乡。"浮梁茶"作为江西"四绿一红"重点品牌之一，在 2018 年中国茶叶区域公用品牌价值评估中，被评为"最具品牌资源力"的茶叶品牌，品牌评估价值达到 21.36 亿元，列全国 98 个品牌第 25 位。

（三）资源枯竭区域的内涵和特征

江西地下矿藏丰富，是我国矿产资源配套程度较高的省份之一。储量居全国前三位的有铜、钨、银、钽、钪、铀、铷、铯、金、伴生硫、滑石、粉石英、硅灰石等。铜、钨、铀、钽、稀土、金、银被誉为江西的"七朵金花"。国家曾于 2008 年开始连续公布了三批共 69 个典型资源枯竭型城市，其中，江西就有萍乡（煤炭）、景德镇（瓷）、新余（铁）、大余县（钨）四座城市上榜。

资源枯竭型区域是指矿产资源开发进入后期、晚期或末期阶段，其累计采出储量已达到可采储量的 70% 以上的区域。以萍乡市为例，1911 年，为努力追赶世界工业革命的潮流，推动了大机器生产的发展，有着丰富煤炭资源和良好开采条件的萍乡，煤矿煤炭年产量已达到 111 万吨。而1950~2007 年萍乡共生产原煤 2.8 亿吨。2007 年，萍乡市煤炭剩余可采储量仅为 1.12 亿吨，占累计探明储量的 14%。从这一年开始，萍乡煤炭资源就已步入枯竭期，经济社会发展由此陷入低迷状态。资源被耗尽的同时，环境污染严重、生态受到极大破坏、人民生活受到重大影响，萍乡市湘东区就是一个缩影。

（四）创新引领区域的内涵和特征

创新引领区域往往是指一座各方面积累较少的新城，没有深厚的历史积淀，没有优势的传统产业依赖，没有优质的生态环境本底，然而这样的新城反而在发展过程中拘束更少，具有开明开放、包容宽容、勇于创新、敢于奋斗的特点。创新引领区域是贯彻落实尊重科技创新区域集聚规律，因地制宜探索差异化的创新发展路径，加快打造具有全球影响力的科技创新中心，建设若干具有强大带动力的创新型城市和区域创新中心重要指示的重大举措，实施创新驱动发展战略，促进经济发展从要素驱动型向创新驱动型根本性转变的重要抓手，必将对区域经济社会产生深远影响。

以新余市为例，1960 年 9 月，为适应钢铁工业发展，经国务院批准撤销新余县设立新余市，由省直辖。1963 年，由于新余钢铁工业建设规模压缩，撤销新余市，恢复新余县，仍属宜春专区。1983 年 7 月，经国务院批准恢复新余市，并将宜春地区的分宜县划归新余市管辖，同年 10 月，江西省人民政府批准在原新余县管辖的范围内设置渝水区。新余市重点开展产业创新、平台创新、人才创新、园区创新和成果创新五大子工程，努力构建区域性创新发展高地，打造中西部地区创新型城市建设典范。2022 年，科技部发布《关于支持新一批城市开展创新型城市建设的通知》，支持全国 25 个城市开展国家创新型城市建设，新余市成为江西唯一入围城市。

二、不同区域类型生态文明建设的关键制约

鉴于生态环境底子、经济发展模式和意识思维等方面都存在明显差

异，生态优势区域、传统文化区域、资源枯竭区域、创新引领区域等不同类型的区域在生态文明建设和谋求区域经济高质量发展过程中面临不同的困境和瓶颈。下面结合各种区域类型面临的关键制约进行总结。

（一）生态优势区域生态文明建设的关键制约

1. 经济财政实力比较薄弱

生态优势区域为了保护青山绿水，放弃了很多发展机会，所以导致经济和财政实力比较薄弱，政府的债务压力较大。以抚州市资溪县为例，该县地处江西省东部、武夷山脉西麓，森林覆盖率高达 87.7%，生态环境综合评价指数列中部第一、全国前列；空气中负氧离子含量平均达 3 万个/立方厘米，是名副其实的"中国天然氧吧"，先后被评为"国家级生态示范区"、"国家重点生态功能区"、首批"国家生态文明建设示范县"、首批"国家生态综合补偿试点县"，享有"纯净资溪"的美称。但是资溪县的经济基础较弱，2020 年，完成地区生产总值 44.97 亿元，在江西 100 个市（县、区）排名最后，财政总收入 5.78 亿元，一般公共预算收入完成 3.20 亿元，一般公共预算支出 17.52 亿元，可见财政大规模赤字，财政实力比较薄弱，主要来自国家和上级政府的转移支付。

2. 产业发展选择比较受限

为了保持生态优势，在产业选择上存在较多制约，不可能上马钢铁、煤炭、石油化工等资源消耗较多、污染排放较大、能耗较高的"三高"产业，然而工业板块往往是对税收贡献较大、拉动经济较快的引擎。生态优势区域更多只能选择旅游业、绿色农业等产业。以资溪县为例，2020 年，资溪县三产比例为 9.78：26.97：63.25，产业以旅游业为主，围绕大觉山景区、御龙湾景区等龙头景点，实施"旅游+"计划，加快推进小觉香谷、狮子山养老基地、高阜热敏灸示范镇等"旅游+康养"项目，株溪鹿栖小镇、马头山面包产业村等"旅游+文化"项目，欣然禅茶、乌石蜂花田园等"旅游+农业"项目和写生基地、户外运动基地等一批"旅游+教育体育"项目。2020 年，全县接待旅游 484.4 万人次，同比增长 3.5%；实现旅游收入 27.55 亿元，同比增长 2.8%。

3. "两山"转化渠道存在阻碍

尽管生态优势区域拥有较丰厚的生态资本，但是在绿水青山转换金山银山过程中存在较多障碍。一是"两山"转化的制度体系不健全。虽然江西生态文明体制机制改革取得新进展，试验区建设阶段性成效获得国家肯定，仍然需要不断总结，推动结果运用。生态资产与生态产品交易机制、生态信用制度体系、生态产品价值实现目标考核制度、决策机制等还在探索阶段。二是"两山"文化品牌价值有待提升。很多生态优势区域具有传统的瓷文化、茶文化、酒文化、中医药文化、山水文化等文化资源，具有一定知名度，但文化构建不系统，品牌特色不突出，对品牌价值的挖掘不深入。三是"两山"文化弘扬的社会氛围尚未完全形成。生态环境治理和生态示范创建成效显著，但文化宣传内容中有关"两山"文化的比例不高，全社会参与的氛围还不浓厚。

（二）传统文化区域生态文明建设的关键制约

1. 修复和发展难度提升

随着现代化、城镇化、工业化的快速发展以及受到经济发展、旅游业冲击、现代生活方式的诱惑和自然力的破坏等因素影响，很多传统文化区域连同其所承载的文化受到较大影响。修复和发展难度大大提升。而且传统文化区域不仅受到财政方面的制约，在技术上也出现了很大的难度。不少地区政府更倾向于将传统村落进行重建，因为对原有古建筑进行开发的投入产出比很低，大多数地区的古建筑进行修复后不仅很难开发，每年还需要政府投入大笔的修护资金，从而陷入了破坏性重建的困境。而在修复的过程中，一些传统文化区域由于长期缺乏保护，导致复原的难度很大。此外，随着经济的不断发展，传统文化区域的居民逐渐外流，许多居民已经不再愿意居住在老房子中，而更愿意在城市中购房，或是在其他地区自建房，"空巢化"现象降低了传统村落的商业价值，修复的难度又进一步提升。

2. 同质化发展较严重

传统文化区域蕴含着不同故事的历史和文化，但是随着时代的变迁、城市的扩张，不少承载着乡土文化和历史记忆的传统文化区域面临着被破坏甚至消亡的压力。很多传统文化区域因过度开发失去原真，热衷于增加"仿古建筑"、"小吃一条街"等元素，不注重建立独有品牌，甚至用挣快钱的地毯式覆盖推进，造成一哄而上，供大于求。同质化严重、项目特色雷同，缺乏独特的历史文化底蕴和产业支撑，导致核心竞争力缺失，使传统文化区域陷入同质化、低水平重复建设的"怪圈"。

3. 行政管理体制不畅

一方面，传统文化区域的行政管理体制尚未完全理顺，存在"多头管理"现象。传统文化区域的保护、开发、建设、维护、经营、管理等方面的工作是一项综合系统工程，涉及住建、规划、文化、文物、旅游、消防、国土等部门，各部门因职能相对分割，难以形成合力。例如，文物部门通常用静止的观点看待个别文物的保存，希望保存"文物的现状"而忽视文物使用功能的延续；文化部门更关心的是村落中非物质文化遗产的保护；建筑部门保护的重点是建筑物的测绘记录；旅游部门更关心的是哪些传统文化区域能带来旅游收益而忽视保护。另一方面，地方法规制度约束乏力，保护工作难度大。传统文化相关的法规制度建设相对滞后，使得传统文化区域的保护步履维艰。虽然出台不少地方性法规，但是具有明显的局限性和地域性，缺乏上位法的支撑，没有强制约束力。

（三）资源枯竭区域生态文明建设的关键制约

1. 自然资源逐步枯竭

资源枯竭区域转型问题是世界各国经济和社会发展中都经历过或正在经历的突出问题，江西的萍乡市就是很典型的资源枯竭型城市。萍乡是一座因煤而设立的老工矿城市，全市以煤起步、靠煤立市、依煤发展，经济结构"一煤独大"。以1898年安源煤矿开办为标志，到现在经历了120多年的大规模机械化开采，1911年，为努力追赶世界工业革命的潮流，推动了大机器生产的发展，有着丰富煤炭资源和良好开采条件的萍乡，煤矿煤炭年产量已达到111万吨。1950~2007年萍乡共生产原煤2.8亿吨。2007

年，萍乡市煤炭剩余可采储量仅为 1.12 亿吨，占累计探明储量的 14%。现在萍乡市煤炭资源已进入严重的枯竭时期，矿产资源部门评估 10 年之内将有大批矿井报废或关闭，经济社会发展由此陷入低迷状态。

2. 生态环境污染比较严重

由于资源枯竭型区域的长时间、高强度开采挖掘资源，使得资源枯竭型区域普遍面临着严重的环境污染和生态破坏等问题，如过度开采导致地表塌陷，土地资源、水资源和大气环境受到严重污染，开山采煤导致植被遭到破坏等，都严重威胁着资源型区域的生存与发展。以萍乡为例，煤炭开采、加工和使用过程中排放了大量的二氧化硫、氮氧化合物、粉尘和 PM2.5 等颗粒物，造成严重的空气污染。矿渣废弃物的堆存占用大量土地，并对水体和大气造成二次污染，而且因矿山开采而产生的地面裂缝、变形及地面塌陷等破坏了大量的土地。此外，地下采煤使地质结构发生变化，地下断层堵塞阻断了区域间地下水系的沟通，影响了地下水的分布，水质也受到不同程度的污染。

3. 产业发展路径依赖比较明显

资源枯竭型区域选择以资源开采为主要产业，大都形成或兴起于特殊的工业化背景，为支援国家工业化发展的需要，很大程度上是计划经济的产物。资源枯竭型区域更依赖计划经济体制，旧体制、旧模式、旧观念惯性更大，造成一些资源枯竭城市在转型中对自身的认识不足，思路不清，发展定位模糊，主导产业与其他产业都是围绕当地开采的矿产资源，各类政策和人才资源均聚焦在资源开采上，产业结构单一、创新投入偏低、城市综合承载能力不强。

（四）创新引领区域生态文明建设的关键制约

1. 产业发展定位不清晰

创新引领区域在生态文明建设过程中主要采用创新战略驱动建设，生态产业发展是生态文明建设的核心内容，部分创新引领区域在产业发展定位上不够清晰。部分创新引领区域为吸引企业入驻，对企业来者不拒，无论企业优劣、规模大小，导致该区企业良莠不齐，这样"捡进篮子就是菜"必然导致产业过多，范围太广，缺乏突出的产业优势，不利于资源的集中配置。而且一些创新引领区域忽视了企业的关联性和相互渗透性，无法形成有效的产业链，无法产生企业聚集带来的规模效应，难以形成持续发展动力。产业定位是区域发展中极为重要的一环，产业定位失败、产业定位摇摆，产业定位与实际市场基础、需求严重脱节，都不利于当地经济可持续发展。

2. 人力资本积累欠缺

人力资本积累欠缺是创新引领区域非常关键的制约因素，一旦人才缺乏，产业就得不到提升，产品升级、区域经济发展后劲都得不到保障，严重制约区域经济发展。一方面，引不来人才，如果新城区域经济水平不高，产业不发达，就业岗位少，待遇不佳，许多人才从自身的个人发展空间、福利待遇水平、家庭生活的影响、工作强度与压力等角度考虑，一般都不会被新城吸引过去；另一方面，留不住人才，部分人才刚开始被吸引过来，但是时间久了，感觉当地知识更新不够迅速，创新氛围不够浓厚，害怕与科技前沿脱节，也会选择离开。

3. 新城建设融资渠道不够通畅

新城建设融资渠道是当前城市化建设中最为突出的问题，政府用于城市建设的可支配资金都严重不足，已成为制约新城建设发展的瓶颈。政府所掌握的现有国有资产缺乏流动性，很多无法作为银行贷款的抵押物，加上目前各级财政所欠银行的贷款已经出现偿还困难的情况，政府想靠银行贷款的资金将非常有限。新城建设融资中民间资本实际占有非常重要的地位，但是非市场化运作使其缺乏有效的筹集与偿还机制。债权人在与政府相关部门达成的借款协议中，有关债务清偿缺乏明确且有效的保证条款，当政府所欠款项无法按时偿还时，债权人实际处于被动的地位。

三、不同区域类型生态文明建设的突破路径

不同类型的区域在生态文明建设过程中，依据当地的资源禀赋和实际发展情况，结合制约当地的关键因素，会提出不同的生态文明建设突破路径。

（一）生态优势区域生态文明建设的突破路径

1. 巩固保护生态资源环境

虽然生态优势区域拥有良好的资源环境基础，但是随着资源开发利用、产业挖掘以及人民生产生活方式的快速转变，这些区域的生态环境受到一定程度的影响。所以生态优势区域要无条件保护好、综合利用好天赐的优美自然生态，并将优势延伸至绿色经济发展，既避免"先污染，后治理"，让绿水青山激活发展动能，成为金山银山。要采取最得力的措施、最管用的办法，治山理水、治乱革新，统筹兼顾山水林田湖草生命共同体建设。在环境整治方面，要从污染源头开始控制，如关停环保不达标企业，全面取缔清洁水源地水面养殖等，同时要坚持保护与整治并重，如水源地保护；在资源能源利用方面，坚持开发与节约并行，整体谋划国土空间开发，科学布局生产空间、生活空间、生态空间，规范各类资源梯级利用；在生态监管方面，坚持考核与追究并举，严格绿色考核、严格环保执法、严格生态补偿。

2. 依托生态优势发展清洁产业

虽然生态优势区域的产业选择受限，但是可以依据生态优势选择让生态和经济"双赢"的清洁产业，探索绿色崛起路径。一是林下经济，生态优势区域依托林地资源优势，实施立体种养、复合经营，如发展油茶、竹

类、香精香料、森林药材、苗木花卉和森林景观利用等林下经济产业，并推动林下经济向规模化、集约化、产业化发展，探索一条不以牺牲生态环境为代价，森林与林下品种生长相得益彰、生态保护与产业发展相互融合的新路。二是生态旅游，生态优势区域可以创建森林城市和森林公园、建设乡村风景林为载体，推动乡村旅游、森林旅游、康养旅游、研学旅游等融合发展，实现产业生态化和生态产业化的统一，将自然生态优势转化为经济社会发展优势，还可以提供更多优质生态产品，以更好地满足人民日益增长的美好生活需要。但是发展生态旅游必须以良好生态为核心和前提，要坚守生态底线，建立生态补偿机制，严禁在生态保护区开发景区、建设旅游设施；同时在生态环境保护问题上要态度鲜明，要在保证生态环境质量不下降的前提下，进行科学适度开发和合理有序开发。

3. 健全生态产品价值实现机制

生态优势区域要始终牢牢把握体制机制创新这个核心任务，在重点领域和关键环节大胆先行先试，扎实推进生态文明体制机制改革，打破固有利益藩篱，解决生态产品"度量难、抵押难、交易难、变现难"等难题。度量难题，可以加快探索完善 GEP 核算应用体系，彰显生态产品价值；抵押难题，可以丰富绿色金融政策工具，支持银行机构创新金融产品，激活沉睡的生态资产；交易难题，积极搭建政府引导、企业和社会各界参与市场化运作的生态资源运营服务体系，推动生态产品供需精准对接，打通生态资源转化的"最后一公里"；变现难题，可以加快推进生态产业化和产业生态化，积极培育生态工业，打造具有全国影响力的区域公用品牌，大力提升生态产品附加值，加快生态惠民富民。例如，资溪县为了推动生态资源变为资本、资金，在摸清生态家底，完成生态产品价值评估核算的基础上，创新探索，率先在江西省创建"两山银行"服务中心，将原本碎片化的山林、土地、流域、农房等生态资源收储整合，最大限度地实现资源的集约化和规模化管理，形成优质的资源资产包，通过资本赋能和市场化运作，培育绿色转型发展的面包食品、竹木科技、生态旅游等业态新模式，推动生态资源变现。

（二）传统文化区域生态文明建设的突破路径

1. 顶层设计，制定相关保护办法和规划

传统文化区域有必要依据"保护为主、修复优先、合理利用、加强管理"的原则，逐步建立健全传统文化区域保护领域管理、协调、监督机构，理顺保障规划，刚性执行体制机制。不仅要指定传统文化区域保护管理办法，使传统文化区域保护工程的建设与管理步入规范化、法制化轨道，还要按照高标准编制区域性的传统文化区域发展总体规划，对古城风貌恢复提升等做出规划，严格控制文物保护范围及建控地带内的建设，确保建筑高度、体量、风格、色彩与古城风貌和谐统一，将文化遗产的协调共生寓于城市建设、城镇化进程及乡村振兴中。

2. 突出特色，挖掘历史文化积淀

传统文化区域往往兼具耕读并重、农商并立、文武并举、义利并蓄、庐陵文化与红色文化并存，人文历史和自然田园风光和谐统一。所以在挖掘区域特色历史文化时一定要有明确的定位，要结合本地文化和旅游资源条件，以发展特色产业为核心，开展有形的特色民居"建筑+可视、可体验"的民俗饮食或文化活动，兼顾发展特色文化、建筑、环境，保护和发展好传统文化，创造性地开发旅游产品，培育好核心竞争力。此外，更应着眼于长期发展，对本地文旅资源协同开发，对本地无形资产及品牌定位认真挖掘，制定合理的乡村旅游开发规划，有计划、持续地推进开发。

3. 理顺管理机制，撬动民间资本

一方面，传统文化区域要建立形成保护发展规划、管理班子、管理技术导则、管理办法、村规民约等相融合的传统文化区域保护管理体系，建立健全决策共谋、发展共建、建设共管、效果共评、成果共享的传统村落保护协同机制，引导村民发挥传统村落保护发展的主体作用。另一方面，传统文化区域建设要重视和发挥社会及公益组织的力量。传统文化区域的地方政府可以通过加大古村规划和招商工作，吸引民间资本参与其中，也可以邀请民间公益组织参与到古村民居样板房的改造中，形成政府、企

业、公益组织三方协同力量，加快传统文化区域的保护利用和可持续发展。

（三）资源枯竭区域生态文明建设的突破路径

1. 生态环境整治促转型

生态环境整治作为公共产品，归根到底就是一个由谁"埋单"的问题。对于历史欠账，如水和大气污染治理、采煤沉陷区恢复、固体废弃物处置、绿地建设、防护林建设等，政府应切实担负起责任，建立多元化的投融资机制，加大对生态环保项目的投入，同时改革城镇污水、垃圾处理投资、建设和运营体制，可以考虑采取政府购买社会组织服务的建设运营模式。对于新污染排放，要制定相应的政策进行严格控制，依据"谁污染，谁治理"、"谁受益，谁付费"的原则，防止资源枯竭区域生态环境进一步恶化。例如，对于正在排放"三废"、污染环境的工矿企业单位，要督促企业把节能减排目标和任务落到实处，积极建设各项节能减排、环境保护工程。

2. 培育接续替代产业促转型

资源枯竭型区域原有的产业发展路径遇到瓶颈，现在需要依托原有基础，大力培育绿色可持续的接续替代产业，推动经济发展由资源开发向综合利用转变，由规模型向质量效益型转变，由被动整治向环境友好、生态友好转变，实现资源型城市的环境友好替代产业的培育和经济的跨越式发展。以萍乡市为例，在煤炭资源日趋枯竭时，提出精准改造提升传统产业，培育壮大战略性新兴产业，推动产业向高端化绿色化发展，通过产业融合将资本、技术以及资源要素进行跨界集约化配置，构建多元化产业体系。所以萍乡的资金、技术、人才等要素不断向高附加值的煤化工、煤电等产业拓展，光电、环保、海绵等新兴产业加速崛起。萍乡市已构筑起冶金、机械电子、生物医药、现代服务业等传统与新兴产业齐头并进的产业发展体系，产业层次得到全面提升。

3. 提升城市品质促转型

按照生态环境治理的系统论观点，加快资源型城市生态环境的修复与保护。将生态环境现状和城市经济社会发展、改革、城市经济转型的各项重点工作放到同一背景下综合考量，城市生态环境的综合治理，与城市发展理念、城市发展定位、接替产业选择等许多深层次的变化与调整紧密相关。萍乡为了不断满足群众提升城市品质的期盼，从 2007 年起开始实施以创建全国文明城市为龙头的"四城同创"工程，即 2008 年争创全国文明城市工作先进城市、2009 年争创国家园林城市、2010 年争创全国卫生城市、2011 年争创全国文明城市，力图以文明创建来提升城市转型的层次和水平。2015 年，萍乡市抓住全国首批 16 个海绵城市建设试点城市契机，全面提升城市品质。在全流域构建"上截—中蓄—下排"的大排水系统，从根本上解决内涝；通过建蓄水池、建下沉式绿地等方式涵养水源。通过三年试点创新，萍乡全域范围内生态治水成效显现，实现"小雨不积水、大雨不内涝、水体不黑臭、热岛有缓解"目标，并引发多重"裂变效应"，如带动海绵产业加快壮大、形成集群，打造了技术标准一流、品牌效应明显、创新能力活跃的全国知名海绵产业基地。

（四）创新引领区域生态文明建设的突破路径

1. 创新驱动发展战略性新兴产业

很多创新引领区域的产业发展缺乏明确的产业定位，而传统的产业基础也比较薄弱，所以发展战略性新兴产业无疑是较好的选择。以新余市为例，新余高度重视新能源、新材料等新兴战略产业的发展，积极对接"中国制造2025"行动计划，推动生产方式向柔性、智能、精细转变，并把其作为优化经济结构的主攻方向，举全市之力支持推动新兴产业的发展，出台支持新兴产业发展等系列文件，为战略性新兴产业的发展提供制度保障。在发展战略性新兴产业过程中，形成了向创新要质量、要效益的新兴产业发展思路，把科技创新当作"一号"工程。不仅注重科研平台建设，而且制定出台了相关奖励政策支持企业创新，支持高端研发机构建设、开展产学研合作、科技成果转化，同时大力实施科技创新"543211"工程和人才引进培养"十百千万"工程，努力推动科技人才向战略性新兴产业聚集。

2. 产城融合吸引人力资本聚集

产业与城市融合发展，以城市为基础，承载产业空间和发展产业经济，以产业为保障，推进交通、教育、医疗、住房等生产和生活基础配套设施建设，不断完善城市功能，驱动城市更新和完善服务配套，进一步提升土地价值，吸引人力资本聚集。以新余市渝水区为例，一是积极推动产业与城镇协调发展，促进产业和生产要素向城市集聚，提升城市服务功能和承载能力，实现产城融合发展。提升城市服务功能，突出发展现代服务业。二是以市场化、产业化、社会化为导向，通过新能源产城融合示范区建设，加快拓展生产性服务业，大力提升生活性服务，培育壮大新兴服务业，促进服务业与新型工业、新型城镇化融合协调发展。三是大力推进新型城镇化，增强公共服务能力。深入推进户籍制度改革，全面推动教育公平发展和质量提升，健全完善公共卫生应急体系、疾病预防控制体系、卫生监督体系和医疗救治体系。四是提升基础设施水平，增强承载人口能力。按照"统筹规划、适度超前、合理布局、综合提升"的原则，提升人口发展和产业经济相适应的市政基础设施服务水平，增强区域综合承载能力和吸纳人口能力。

3. 引导社会资本参与生态文明建设

推动生态文明建设，深入打好污染防治攻坚战面临很多新任务，但各级政府减费降税，财政资金收紧，所以有必要充分发挥现有财政资金的杠杆作用，引导更多社会资本投入，更好地保障生态文明建设。党的十八大以来，中央高度重视生态环境领域的资金保障问题，要求建立吸引社会资本投入生态环境保护的市场机制，推行环境污染第三方治理，在污染防治领域积极推广 PPP 模式。值得一提的是，只有让社会资本有利可图，才能可持续地推进社会资本参与生态环境治理，提升整个环保产业的活力。

第二部分

 经验比较

第四章
生态优势区域生态文明建设经验：
以九江市武宁县为例

　　生态优势区域以良好的山水林田湖草生态资源为依托，以保护环境绿色发展为路径，存在交通条件相对不优、产业基础相对薄弱的制约，面临将生态优势转变为经济社会发展优势的迫切需求。生态优势区域在生态文明建设过程中重点要在保护"绿色青山"的过程中，积极探索政府主导、企业和社会各界参与、市场化运作、可持续的生态产品价值实现路径，加大力度打通"绿水青山就是金山银山"的转换通道，实现生态优势的赋能增值。

　　全国范围内生态优势区域生态文明建设涌现出了一批具有地方特色的优秀案例。浙江的"安吉模式"、福建的"仙游模式"、贵州的"湄潭模式"等。这些地方在生态文明建设中充分发挥自身的好山好水好资源，利用优越的生态环境和巨大的生态潜力，在生态环境保护与治理、生态产业体系培育与发展、体制机制改革与创新等方面摸索前行，实现生态优势不断增强，生态效益不断凸显，生态价值不断实现。

　　武宁县属于生态优势区域，是江西国家生态文明试验区一个浓缩的"样本"，在全面贯彻中央五大新发展理念的基础上，始终坚持把绿色作为发展的主色调，以"生态民生观"为引领，在"生态惠民、生态利民、生态为民"上持续发力，唱响"山水武宁"生态品牌，从"中国最美小城"蜕变成"一座人在画中的城市"，走出了一条独具武宁特色的绿色发展之路。

一、武宁县的基本情况

武宁县地处赣西北，自东汉建安四年（公元 199 年）建县至今已有 1800 多年的历史，是民国先驱李烈钧故里。全县面积 3507 平方千米，位居江西省第四；2020 年，人口 32.21 万（第七次全国人口普查结果），辖 19 个乡镇、1 个街道、1 个工业园区，"八山一水半分田，半分道路和庄园"是对武宁县地形地貌的形象描述，被誉为"中国最美小城"。2007 年 4 月，时任国务院总理温家宝同志视察武宁时称赞"山好、水好，人更好"，并题赠"山水武宁"。

（一）丰富的自然资源

武宁拥有丰富的自然资源，全县林地面积 411.3 万亩，林木蓄积量 1540 万立方米，是全省林业大县。全县已探明煤、钨、锑等 30 多种矿产，其中大湖塘钨矿储量高居世界第二；3.5 万箱遍布全县、年产量 70 万斤的纯天然蜂蜜造就武宁"中华蜜蜂之乡"美名，优质大米、名贵药材、高产油茶和特色水产等各类名优特农副产品也久负盛名。

（二）良好的生态环境

武宁是生态大县，国家级生态乡镇已达 16 个。县内海拔 1000 米以上的山峰达 159 座，森林覆盖率高达 75.49%，40 多万株被誉为"植物中的大熊猫"的野生红豆杉和"鸟类大熊猫"的国家一级保护动物白颈长尾雉在郁郁青山中繁衍生息，大气环境质量全年均达国家Ⅰ级标准，空气负氧离子指数高达每立方厘米 10 万颗，被评为全国"百佳深呼吸小城"。603 条大小河流水质常年保持国家Ⅱ类标准，远古生物的"活化石"、被誉为

"水中大熊猫"的地球濒危物种桃花水母在庐山西海穿梭游弋。

（三）优质的旅游资源

武宁是旅游大县。武宁是国家级重点风景名胜区庐山西海大本营，其46万亩水面有75%在武宁县境内，3亩以上岛屿达1667个。目前，已围绕"健康、运动、休闲"的旅游主题和"山岳武宁、水上武宁、乡村武宁、康养武宁、夜色武宁、空中武宁"六条风景线的布局成功创建庐山西海、西海湾和阳光照耀29度假区、3个国家AAAA级景区以及2个AAA级景区、9个AAA级乡村旅游点，西海湾景区"桥中桥"项目正在申报吉尼斯世界纪录，总投资360亿元的27个旅游重点项目正在稳步推进，部分景区已建成开放，被评为"江西省五星级旅游强县"。

（四）绿色的产业体系

武宁县工业园是省级民营科技园、省级开发区、江西省绿色光电产业基地、江西省绿色照明高新技术产业示范园，现有企业262家，其中绿色光电企业已达122家，是江西首批20个产值过百亿的示范产业集群之一。2017年，节能灯上下游产品占全国市场份额近20%，是名副其实的"中部灯饰之都"。大健康（康养食）、矿产品精深加工、战略性新兴产业等主导产业也方兴未艾、异军突起。

二、武宁县生态文明建设的总体思路

绿水青山是"山水武宁"最大的资源和资产，是最大的后发优势、最大的生态品牌。为了呵护好这片宝贵山水，武宁人始终坚持像爱护自己的眼睛一样，像珍爱自己的生命一样，严守资源消耗上限、环境质量底线、生态保护红线。围绕如何将生态优势转化为发展优势，武宁县委在县第十四次党代会上确立了"始终坚持生态立县，全面推进绿色崛起"的发展主题，明确了构建"五大生态"，打造"三个示范"发展思路，确定了"建设秀美富裕幸福的山水武宁"的发展目标，全力探索一条"生态优先、绿色发展"高质量的生态产品价值实现路径。

武宁生态文明建设的核心本质是保护资源环境，采取最得力的措施、最管用的办法治山理水、治乱革新，统筹兼顾山水林田湖草生命共同体建设。环境整治方面，坚持保护与整治并重，在江西率先探索和建立"林长制"，先后关停 47 家环保不达标企业，全面取缔庐山西海网箱和库湾养殖，庐山西海水质长期保持在国家Ⅱ类标准以上；资源能源利用方面，坚持开发与节约并行，整体谋划国土空间开发，科学布局生产空间、生活空间、生态空间，规范各类资源梯级利用；生态监管方面，坚持考核与追究并举，严格绿色考核、严格环保执法、严格生态补偿，对盲目决策造成严重后果的人，特别是对触碰生态、水资源、耕地和沿湖岸线"四条红线"者，严厉追究其责任，而且要终身追究。

武宁生态文明建设的根本路径是推动产业升级，武宁一直致力于推动"生态产业化，产业生态化"。在生态旅游方面，依托武宁的大山大水、好山好水，按照"各行各业+旅游"的思路，重点突出休闲养生，逐步把武宁建成全域旅游示范县的标杆，中国最美小城和国际运动休闲养生度假区；在生态工业方面，驱动创新引领，重点培育和壮大绿色光电、绿色食品、大健康等主导产业，加快"产业高端、高端产业"的发展；在生态农业方面，突出绿色安全，按照绿色、高效、精品的方向，延伸产业链条，促进农民增收，推动农村繁荣。

武宁生态文明建设的基本内容是统筹城乡发展，着力打造"全景武宁"，把城区作为景区来建设，把乡村当作园林来雕琢。城市建设方面，按照旅游城市建设标准，围绕中国最美小城、庐山西海旅游经济圈大本营的定位和将县城建成 AAAAA 级景区的目标，做老城的"装修工"，新城的"绣花匠"；集镇建设方面，按照规划一步到位、建设分步实施的原则，沿国道、省道，环山区、湖区，凸显区域优势，因地制宜打造一批物流重镇、工业强镇、农业大镇、商贸名镇、生态美镇和旅游旺镇；乡村建设方面，把农村纳入景区建设范畴，建设美丽乡村过程中注重乡土味道，注重结合产业融合发展，确保到 2020 年"整洁、宜居、和谐、美丽"的秀美乡村在武宁处处可见。

三、武宁县生态文明建设的具体举措

武宁县作为生态优势区域典型代表，国家生态文明试验区（江西）建设生态文明的主要举措包括构筑生态制度屏障、构建"山水林田湖草"生命共同体、构建绿水生态产业体系、促进城乡一体化发展等方面。

（一）构筑生态制度屏障

对照中央及江西省的生态文明体制改革任务，结合武宁实际，率先成立了县委、县政府主要领导挂帅的高规格生态文明建设指导委员会，组建"生态智库"，聘请了国内顶级专家担任生态顾问，建立健全了高层次、全方位统筹推进机制。编制了《武宁县生态文明示范区建设规划》，并以此为基础配套制定了《武宁县水生态文明建设规划》、《武宁县县域乡村建设规划》、《武宁县创建"绿色生态示范县"工作方案》等一系列加强生态文明建设的规划和实施方案，建立和完善了促进生态文明建设的运行和保障机制。坚持创新驱动，在江西率先推行"林长制"；率先整合护林员、养路员、保洁员、河道巡查员等力量，成立生态保护管理员队伍，对辖区内的生态环境进行专业化管护；率先成立环境资源审判庭和林业监察室，形成法治震慑。

武宁县在全国率先实行的"林长制"，先后获得省、市相关领导的多次批示，获得人民网、新华网、央广网等主流媒体的多次宣传报道，吸引了安徽、湖北、广西、山东、黑龙江等外省以及江西省内共计30多个县市区的多次学习考察。在江西率先实行的"多员合一"机制，实现了生态品质的新提升、走出了脱贫攻坚的新路子、取得了乡村振兴的新进展。在环保执法方面，武宁县法院率先成立生态保护合议庭——修河流域生态环境保护合议庭、环境资源审判庭，创建环资审判"法徽山水行"司法品牌。2017年，江西省高级人民法院授予武宁县法院第一批省级"环境资源案件司法实践基地"等。在生态补偿机制方面，探索建立县级生态补偿机制，逐步提高生态标准，为打好脱贫攻坚战贡献了积极力量。

武宁县生态机制创新主要体现在生态监管机制、环资审判机制和生态补偿机制三个方面。在生态监管机制方面，武宁县创新实施"林长制"和生态管护员制度，从组织架构、资金统筹、监督考评等多个方面完善运行和保障机制，确保"林长制"和生态管护员制度顺利实施。环资审判机制将"恢复性"司法引入环境保护，使破坏的生态环境得以快速恢复，维护了人民群众的环境权益。在生态补偿机制方面，从明晰补偿主体和标准、多种补偿方式相结合、补偿资金监管等方面，创新实施流域生态补偿和公益林生态补偿。

（二）构建"山水林田湖草"生命共同体

武宁极力做好"山、水、林、田、湖、草"生态保护修复文章。在山体保护方面，一是矿山生态修复，以制度建设为抓手，严格执行矿山生态环境保护与恢复治理的有关法规；以科学技术为支撑，因地制宜开展废弃矿山生态修复工作；以加强监督管理为基础，全面推进在建矿山"边开采，边治理，边复绿"。二是打击非法矿山开采，采取强化监督管理，严厉打击超层越界违法开采行为，开展全面整治矿产资源开发秩序活动，加强部门之间联动等举措，有效遏制了矿山非法开采势头。三是荒山治理，十分重视绿化造林，先后出台了系列政策措施和奖补办法，并积极争取国家绿化专项扶助资金。大力推进精准造林灭荒，鼓励造林企业和造林大户、造林专业户营造经济林、用材林、油茶林及花卉苗木风景林，并为其提供技术指导，把低效林改造成为融经济效益、生态效益为一体的林果基地，架通"绿水青山"与"金山银山"之间的桥梁。

1. 湖水保护方面

一是水域综合治理。武宁对庐山西海累计投资逾8亿元，实施一系列生态保护与修复工程，从"库湾清理"到"九项整治"，从饮用水源地再到持续深入推进生态和城乡环境综合整治，推动治理由点到线扩面的不断升级，构建了全方位立体式的保护模式。二是在源头污染控制。对于工业污染，兴建了工业污水处理厂并配套建设了污水收集管网，对园区内企业污水进行收集并集中处理，一律实行"零排放"；对于农业面源污染，采取集中式畜禽养殖污染源治理，严格落实禁养区、限养区、可养区规划；大力推广测土配方施肥和高效低毒、低残留农药应用，实现了化肥农药"负增长"；对于生活污水，在沿湖8个乡镇建设了集镇生活污水处理设施，持续加强污水收集管网完善；实现农村清洁工程全覆盖，重点和整治生活垃圾、生活污水。三是水源地保护。建立体系统一、布局合理、功能完善的水生态环境监管网络。

2. 林草保护方面

武宁县在加快推进林草现代化建设进程中，积极创新资源保护机制，首次提出"林长制"、"一员两长制"、"林权制"改革，县、乡、村协同发展，统筹推进森林资源的保护，使绿水青山产生巨大的生态效益、经济效益、社会效益。武宁县不仅关注狭义森林树木的保护，还在作为特殊森林的古树名木以及广义的森林——整个森林生态系统的保护上下足功夫，同时重视草地的保护。首先，从提升森林品质出发，重点抓好低产林改造，全面提升林地产出率和森林生态系统服务功能，主要是从生态林场和苗圃开始做起；其次，重视作为特殊森林古树名木的保护，完善古树名木的建档挂牌工作，推动古树"珍贵化"；再次，强化对整个野生动植物资源的保护，着力构建健康优质的森林生态系统，保护生物多样性，如伊山自然保护区；最后，加大对草地的保护，使草地实现"银行化"，而武宁

55

的"草地银行"便是中草药，依托良好的森林资源，武宁县大力发展"林草+旅游"新兴业态以及林下经济产业。

3. 农田资源保护方面

为落实最严格的耕地保护制度，武宁县从以下三方面做出了努力：一是认真做好土地流转工作，让抛荒田地"活"起来。武宁县本着自愿、有偿、平等协商的原则，积极协调鼓励农民依法有序地进行土地流转，以发展升级理念，因地制宜培育壮大与生态环境相辅相成、相得益彰的现代产业，探索出一条现代农业发展新路。二是对受污染的田地进行修复与防治，让产品"绿"起来。武宁县则主要从耕地重金属污染修复行动，推进城乡垃圾无害化、减量化、资源化处理，加强农村土壤污染物源头综合治理三方面统一协调解决土壤重金属和农药化肥污染。三是严守耕地红线，保障耕地数量和质量，让效益"高"起来。武宁县通过土地开发整理建设，努力增加有效耕地面积；实施高标准农田建设，提升耕地质量，构建数量、质量、生态三位一体的耕地保护新格局。

（三）构建绿色生态产业体系

1. 绿色工业方面

一是提高企业准入的生态门槛，因地制宜发展绿色新兴产业，先后拒绝了造纸、制革、电镀、印染、钒冶炼等几十家高耗能、高污染企业设立。立足自身产业基础和生态优势，重点培育了以世明玻璃、同德照明、恒益电子为龙头的绿色光电产业，获批"江西省绿色光电产业基地"，朝着中国"灯饰之都、光明之城"的目标奋进。以江中中药饮片、百伊宠物为代表的大健康企业和以武宁山泉为代表的绿色食品企业已经投产见效。二是利用品牌优势对新型产业延链、补链和壮链。战略性新兴产业利用上海大学研究院、上海永久中部制造基地等知名品牌优势，对接招引软件企业、新能源电动车企业及其配套项目，同景照明植物工厂、广盛电子科技等创新型企业不断释放生态与创新双重"红利"。三是完善基础配套设施和服务功能，优化绿色发展环境。大力发展电子商务、现代物流、旅游、养生等现代服务业，建设了联盛购物广场、鳌鱼商业广场、建材综合大市场等城市商业综合体。

2. 生态农业方面

武宁以绿色生态农业"十大行动"为抓手，加快转变农业发展方式，连通第二产业和第三产业，创新发展绿色生态基地，做大做强绿色生态产业，积极开发绿色生态产品，加快创建绿色生态品牌。一是开展绿色农业进行产业扶贫。利用果业、茶叶、蔬菜、药材、畜禽养殖、油茶产业进行精准扶贫，大力推广"一领办三参与"产业扶贫模式，规范建设产业扶贫基地，大力开展扶贫产品"八进八销"活动，以销促产推动产业发展。二是培育新型农业经营主体。通过培育壮大家庭农场、农民专业合作社、农业龙头企业等新型农业经营主体，加快建设"一村一品"建设工作，重点培育市场潜力大、发展前景好的家庭农场、农民专业合作社、农业龙头企业。三是发展智慧农业，科技兴农。鼓励和引导龙头企业、合作社建立健全农产品营销网络。大力推进"互联网+农产品"发展，建设农村e邮站和益农信息社，推进农产品线上销售，打通农户与现代农业发展衔接渠道。四是优化产业布局。按照"一核四园"产业发展格局，以"两茶两水三花"（油茶、茶叶，优质水果、水产品，荷花、菊花、玫瑰花）、林下经济和休闲农业等特色产业为重点，着力推动农业产业化示范带和田园综合体建设。

3. 全域旅游方面

武宁把推进全域旅游作为实现高质量发展的重要支撑，瞄准打造"生态旅游先行区，多业融合示范区"发展定位，着力实施"产业围绕旅游转、功能围绕旅游配、形象围绕旅游塑"的全域旅游发展战略，全力打造全域旅游示范县，构建"处处皆风景、时时有服务、行行融旅游、人人都参与"的新画卷。武宁县因地制宜、因时制宜，在不同地域根据自身资源特色及旅游要素的聚集状况，采用多种模式推动生态旅游产业投资发展，鼓励更多民间资本进入。

概括而言，武宁全域旅游发展模式主要有五类：①全域景区发展型，把整个区域看作一个大景区来规划、建设、管理和营销，如西海湾景区；②龙头景区带动型，以龙头景区作为吸引源，围绕其部署各类基础和配置旅游产品、景区，以龙头景区带动地方经济社会发展，如阳光照耀29度假区、巾口花千谷；③特色资源驱动型，以区域内特色自然及人文旅游资源为基础，带动区域旅游业发展，形成特色旅游目的地，如莆田乡老虎帐、上汤温泉养生小镇；④产业深度融合型，以"旅游+"和"+旅游"为途径，深度整合要素资源，推进旅游业与三次产业的融合，提升区域旅游业整体实力和竞争力，如宋溪镇王埠花海、新宁镇茶场社区；⑤功能配套衍生型，有机耦合全域旅游的新旧六要素，完善旅游功能配套建设的旅游建设，如民宿就是典型的旅游中居住和体验的衍生品。

（四）促进城乡一体化发展

1. 在景区城市建设方面

武宁县按照"中国最美小城"的定位，对城市进行高起点规划、高标准建设，把项目当景点建，把县城当景区建，着力打造景区城市、旅游城市、养生城市。拓宽城市道路，实施污水管网改造、雨污分流、防洪堤景观化提升等"城市双修"市政功能性工程。以县城为核心的西海湾景区把朝阳湖公园、八音公园、沙田湿地公园连成一个城市大景区。

2. 在美丽乡村建设方面

把农村纳入景区范畴，科学规划，合理布局，与产业融合着力打造AAAAA级全域景区。村庄、道路、荒山绿化全覆盖，农村居民建房都按规划建，违章建筑一律拆除。全面开展生态文明乡镇创建工作，在全县19个乡镇中国家级生态乡镇已达到16个，建成国家和省级生态村10个，林果业、生态旅游、养生养老示范村庄53个，乡村生态环境、生活环境明显提升。

3. 在城乡环境综合整治方面

武宁通过"三个结合"，将城乡环境综合整治与城镇示范县、新农村建设和全域旅游结合在一起，以"群众主体工作法"推进城乡环境综合整治，武宁城乡环境综合整治取得了明显的成效。

4. 在乡村振兴方面

以生态民生观的理念践行"乡村振兴战略"，让广大群众享受"生态红利"。利用政策整合相关涉农资金建成江西规模最大的生态移民安置小区——武安锦城。探索建立了各类水库退出人工养殖、天然林商业性禁伐等长效机制。在实施"禁伐二十年"的同时，组建森林资源管护队伍，将靠山吃山、以砍树为生的"伐木工"变成"护林员"，解决了渔民、林工经济利益与生态保护矛盾，增强百姓在生态保护中的获得感，感受良好的生态是最普惠的民生福祉。

四、武宁县生态文明建设的整体成效

根据《国家生态文明试验区（江西）实施方案》，国家生态文明试验区（江西）的战略定位包含四个，分别是山水林田湖草综合治理样板区、中部地区绿色崛起先行区、生态环境保护管理制度创新区、生态扶贫共享发展示范区。

（一）生态环境质量得到深度巩固

2020年，武宁县森林覆盖率提升至75.96%，城区PM2.5浓度均值控制到21微克/立方米，空气质量稳居全市第一；县域饮用水源地水质达标率100%，界牌断面柘林湖水域被评为江西唯一的Ⅰ类水质水域，庐山西海（武宁段）水质在全国56个重点湖泊中位居前三；庐山西海水质在江西县界断面水质类别排名中继续保持第一，年均值评价为Ⅰ类，为全省唯一；县域地表水水质保持稳定，全面消除了Ⅴ类及劣Ⅴ类水质，农药、化肥施用量实现负增长。在九江市城乡环境综合整治年终考核和乡村振兴战略"春风行动"考核中均位列第一。武宁县更是以江西第一名的成绩，荣获"全省最干净县"荣誉称号。

（二）生态文明制度迈出大步创新

2018 年，武宁县完成生态红线、基本农田、城镇开发边界上图落地，构建县乡村三级"林长制"、"河长制"，率先组建了由 800 人组成的生态管护队伍，开创生态管护武宁新模式，释放出强大的要素集合乘法效应。建立环境保护行政执法与刑事司法衔接配合机制，成立修河流域生态环境保护合议庭、环境资源审判庭和林业检察室，使"环保警察"和"环境法庭"产生威力，积极推进环境污染公益诉讼，妥善处理九江地区首例检察环境公益诉讼案，形成法治震慑。"十三五"期间林长制写入《中华人民共和国森林法》，在全国推广；"多员合一"生态管护员制度被列入《国家生态文明试验区改革举措和经验做法推广清单》，为生态扶贫类江西唯一入选项目。建成省级生态文明示范基地 5 个，入选江西首批生态产品价值实现机制试点县、省绿色低碳试点县。

（三）绿色经济取得喜人成绩

2020 年，武宁县三次产业结构由 2016 年的 14.9：50：35.1 优化为 12.5：43.2：44.3。新型工业加快向集约化集群化转型，规模以上工业企业由 98 家增加至 138 家，其中主导产业企业占比 75%，产值占比 85%。绿色光电产业总产值由 99 亿元增加到 135 亿元，入选江西首批产值过百亿重要产业集群。高新技术企业由 3 家增加至 35 家。武宁县工业园区先后被评为省绿色光电产业基地、省绿色园区、省"两率一度"先进园区。旅游业态更加丰富，六条风景线、四季主题、海陆空、"昼+夜"开启全时全季全域全业旅游新模式。成功创建国家 AAA 级景区 8 个，A 级景区数跃升至全市第一；认定省 AAAA 级乡村旅游点 3 个，省 AAA 级乡村旅游点 5 个，省旅游度假区 1 个，省生态旅游示范区 2 个。大力发展民宿经济，打造特色民宿 30 余家，床位 1439 张。连续四年获评省旅游产业发展先进县。现代农业更具特色，建成高标准农田 8.9 万亩、高效节水农田 1.3 万亩，新增省级现代农业示范园 3 个、市级 8 个；百亩以上特色产业基地 52 个，其中千亩以上 5 个；国家级休闲农业品牌 4 个、"三品一标"产品认证 65 个。种植特色水果 13 万亩、茶园 3.7 万亩、油茶 9.2 万亩，鲁溪白茶、石渡福橙等一批特色种养产业蓬勃发展。

（四）居民幸福感得到稳步提升

武宁县以"村有扶贫产业，户有增收门路"为目标，推进"短中长"三类产业扶贫模式和"扶贫车间扶贫基地"两种模式。2018 年向贫困户发放"短平快"产业奖补 147.3 万元；设立了 500 万元奖补基金，鼓励以"合作社+基地+贫困户"模式发展"两茶两水三花"等特色产业，成立 100 多个农民合作社和扶贫基地，关联贫困户 3377 户。2016~2018 年累计脱贫人数为 15643。同时，武宁县极力打造生态宜居城乡环境，城市双修全面推进，城市总体规划修编完成，完成环湖生态修复及绿道慢行系统、道路"白改黑"及管线下地雨污分流、沿湖景观改造提升等项目，加快实施"厕所革命"。高标准完成 241 个新村点建设，完成沿线 22 个景观节点和 1000 户美丽示范农户庭院建设，荣登"2018 中国最美县域榜单"，顺利通过国家卫生县城省级复审。

（五）生态文明成果获得广泛的关注

江西省"林长制"工作现场推进会在武宁召开，经验做法被央视《新闻联播》头条报道；阳光照耀29度假区、花千谷、太平山野樱花、"最美旅游公路"永武高速等景区景点在央视一套等中央媒体多次亮相；长水村"环保家训"被新华网、央视等主流媒体和中宣部"大江奔流"采访团聚焦报道。《人民日报》刊登武宁县生态文明建设经验文章《做好生态与发展两张答卷》并配发题为《选对路，走得远》的点评；《以"生态"民生观引领"绿色"崛起》经验文章在全国生态保护与修复经验交流现场会上书面交流；"多员合一"生态管护创新经验被人民网等重要媒体相继报道，并纳入省生态文明建设成果汇编，在推进江西国家生态文明试验区建设部省恳谈会上书面交流；《江西日报》头版头条报道武宁县城乡环境综合整治工作。

五、武宁县生态文明建设的特色案例

武宁县作为江西国家生态文明试验区一个浓缩的"样本"，在全面贯彻中央五大新发展理念的基础上，始终坚持把绿色作为发展的主色调，以"生态民生观"为引领，在"生态惠民、生态利民、生态为民"上持续发力，走出了一条独具武宁特色的绿色发展之路。下面主要从生态机制创新、生态环境保护、优势资源利用、绿色经济发展等方面挑选特色案例进行分析。

（一）生态机制创新案例：全面的制度网格

2018年5月，习近平同志在全国生态环境保护大会上指出，用最严格制度最严密法治保护生态环境，加快制度创新，强化制度执行，让制度成为刚性的约束和不可触碰的高压线。武宁县在打造"望得见山、看得见水、记得住乡愁"，"美丽江西"的样本，既要把握生态文明浪潮的大势，又要立足资源禀赋实际；既要更具全局性的顶层设计，又要大胆地"摸着石头过河"；既要强化制度刚性，让制度成为带电的"高压线"，又要堵住制度漏洞，织密制度网络。

1. 亮点一："立体式"的监管机制

（1）在林长制方面。2016年8月，武宁县第十四次党代会郑重提出了"始终坚持生态立县，全面推进绿色崛起"的发展主题，率先探索建立"林长制"的发展战略。2017年4月1日，出台了《武宁县"林长制"工作实施方案》，在全国率先探索建立"林长制"，推动林业改革从"山定权、树定根、人定心"向"山更青、权更活、民更富"纵深发展，初步探索出了一条"护绿、增绿、用绿"三位一体、有机结合的林业发展新路子。一方面，武宁县探索建立了三级书记任林长的林长制，构建了县、乡、村三级林长组织体系。其中，县级总林长、副总林长和林长分别由县委书记、县长和县四套班子相关领导担任，设立县级林长制办公室。全县共设立总林长 1 人、副总林长 1 人、县级林长 20 人、乡镇林长（含林长、副林长）223 人、村级林长 637 人。在重要位置设立三级"林长"公示牌226 块，实现了 882 名"林长"对全县 411.3 万亩林地分级管理全覆盖，明确了县农业农村局、县财政局、县自然资源局等 19 个县级林长制成员单位相应的职责，保障了"林长制"工作顺利推进。另一方面，确立林长制推进责任体系。武宁县设立县林长办，负责全县林长制的组织实施和落实县级林长决定的事项，并推行了四项措施：一是"列"清单，武宁县林长办每年都将"林长制"各项工作进行细化量化，分解到责任"林长"、责任单位、责任人，限时完成，确保工作落到实处。二是"督"进度，武宁县林长办对各单位"林长制"工作开展情况实行一月一督查、一季一调度，建立整改台账，实行销号管理。三是"评"成效，将"林长制"工作纳入全县各乡镇及相关单位目标管理考评。四是"审"资源，对离任乡（镇）、村两级林长，由县林长办、县审计局等部门牵头执行森林资源资产离任审计，审计结果作为武宁县地方干部综合考核评价的重要依据。武宁县先后荣获全国集体林权制度改革先进典型县、国家森林旅游示范县、国家森林城市等荣誉称号。而且林长制的社会影响不断扩大，武宁县林长制工作不仅得到江西省领导的充分肯定，在全省推广武宁林长制的经验做法，还被列为央视《改革再出发》栏目选题，在《中国绿色时报》、《江西日报》头版头条等主流媒体多次报道。

（2）在生态管护员机制方面。武宁县委、县政府高瞻远瞩，创新思路，采取整合资源、多员合一、划定区域、统一职责、网格管理的办法，建立农村生态管护员制度，即将农村保洁员、护林员、养路员、河道巡查员、新农村建设护绿员、农村建房监督员和农村社会事务网格化管理员合并为农村生态管护员。2017 年 12 月，县政府制定出台了《武宁县农村生态环境管护办法（试行）》和《武宁县农村生态环境管护实施细则》两个文件，从 2018 年 1 月开始，各乡镇、工业园区正式推行农村生态管护员制度。武宁县构建"全域管控"机制，改变"九龙治水"困境。一是精心打造专业队伍。本着"依事定员"原则，武宁按照农村服务人口 2‰~3‰的比例全面整合原有分散的、季节性的、收入低的护林员、养路员、保洁员、河流巡查员等队伍，转化为集中的、全季节性的、收入相对合理的专业队伍，实现"一人一岗、一岗多责"。全县生态管护队伍力量由整合前的 2219 人精减至 800 人，通过集中培训与分片指导方式，全面提高生态管护员的水平和能力。二是科学划定管护区域。将全县森林资源、河道溪流、乡村公路、基本农田、秀美农村、园林绿化等生产生活生态统一纳入一个立体空间，综合考虑山林面积、公路里程、河流长度、村庄数量等因素，合理划分为若干个管护区域。成立县乡两级农村生态环境管护领导小组，建立联席会议制度强化统筹管理。三是完善资金统筹机制。按照"谁受益，谁出资"的原则，整合原护林员、保洁员补助和乡村公路养护费等，设立武宁县生态环境管护专项资金，实行专账管理、专款专用。其中财政统筹、乡镇自筹、群众有偿服务按 8∶1∶1 比例分摊，县财政统一安排生态环境管理考核奖励资金 160 万元。通过系列整合，管护员收入有了大幅增长，每年最高可达 2 万元，有效提高了管护员工作热情。全县总体投入由每年 2000 万元降至 1760 万元，政府既集中了工作力量，提高了工作效率，又减轻了基层负担，实现资源、资金使用效益最大化。

2. 亮点二："零容忍"的执法机制

武宁县法院深入学习贯彻习近平新时代中国特色社会主义思想，特别是习近平生态文明思想，坚决落实"共抓大保护，不搞大开发，推动长江经济带高质量发展"要求，把保护长江支流绿色生态，强化庐山西海环境司法保障纳入"弘扬井冈山精神，争创一流业绩"主平台。在建设好江西环境资源案件司法实践基地的基础上，2019 年开设庐山西海水生态司法保护基地，大力推进环境资源审判工作山水双基地运行，为长江支流生态文明建设和新时代山水武宁的高质量发展提供了坚强的司法服务和保障。环境资源审批基地以执法办案为中心，依法审理一批生态环境资源案件。2016 年以来，武宁法院共审理环境资源刑事案件 68 件，审理环境资源相关民事案件 112 件。其中审理破坏庐山西海流域内植被类失火案、滥伐林木案、非法采矿案等 21 件，破坏生物多样性类非法捕鱼案、非法狩猎案等 8 件，破坏庐山西海水环境类污染罪案 5 件。2017 年，在江西省政府新闻办与省法院联合发布的环境资源十大典型案例中，武宁法院有两件入选。具体做法如下：

（1）加强环资审判能力建设。深入学习贯彻习近平新时代中国特色社会主义思想特别是习近平生态文明思想，适应新时代要求，加强环境资源审判专业培训和业务交流，紧紧围绕"努力让人民群众在每一个司法案件中感受到公平正义"的工作目标，努力打造一支政治强、本领高、作风硬、敢担当的专业化环境资源审判队伍。

（2）延伸环资审判职能作用。加强旅游巡回审判点增量扩面，为城乡环境整治主动提供司法保障，全面服务美丽乡村建设。加强与公安机关、检察机关以及环境资源保护行政主管部门之间的证据提取、信息共享和工作协调，推动构建党委领导、政府负责、社会协同、公众参与、法治保障的现代化环境治理体系，协同打好污染防治攻坚战和生态文明建设持久战。

（3）完善生态修复性司法多元参与机制。建设好环境资源案件司法实践基地和庐山西海水生态司法保护基地，持续推进生态修复性司法。培养扶持生态保护公益组织和环保志愿者开展环境公益活动，积极构建生态修复性司法多元参加机制，推动形成生态文明建设信息共享，共治。

（4）加强环资审判宣传工作。通过开展"法徽山水行"的巡回审判活动，充分运用新媒体以巡回审判、庭审直播、公开宣判、以案说法、发布典型案例等形式，进一步增进社会公众对环境资源审判工作的知情权，提升品牌的知名度和司法公信力，为生态修复性司法营造了良好的民意基础。

3. 亮点三："激励性"的补偿机制

党的十九大报告提出建立市场化、多元化生态补偿机制，同时把它列为加快生态文明体制改革的重要任务之一。武宁县在大力实施生态保护建设工程的同时，积极探索生态"激励性"补偿机制建设，一心一意谋民利。通过落实流域生态补偿、公益林生态补偿，采取农村能源项目补助、营造林推进、林业贴息贷款发放、生态护林员聘用、非天然林停伐补助、林业生产技能培训、创新生态司法补偿等措施，既保护了武宁县的生态环境，又增加了低收者的收入。

（1）在流域生态补偿方面，武宁县地处修河中游，坐拥庐山西海 75% 的水域面积，一直以来，武宁县坚持以习近平新时代生态文明思想为指导，坚决贯彻"共抓大保护、不搞大开发"的方针，致力于庐山西海一湖清水的有效保护；累计投资逾 8 亿元，实施一系列生态保护与修复工程，持续深入推进生态和城乡环境综合整治，着力培育和壮大生态经济，为江西推进国家生态文明试验区建设做出了突出贡献、提供了有益经验。一是清晰界定补偿的主体和对象。武宁县根据"谁受益谁补偿，谁保护谁受益"的基本原则，较为明确地界定了流域生态补偿的主体和客体。补偿主体主要是生态环境的受益者。而流域补偿的对象则为流域上游地区的居民、集体和政府等。二是完善补偿标准。武宁县根据当地流域的实际情况，将具体情况与国家的整体标准相结合，使用支付意愿法、机会成本法、补偿模型法、费用分析法、水资源价值法等方法计算流域生态补偿标准，并在有矛盾冲突时通过协商协调，最终核算制定相应的补偿标准。三是探索多元化补偿方式。武宁县结合流域实际情况，紧扣国家产业政策，在"输血式"的货币补偿之外，探索"造血式"的补偿方式，以期达到覆盖范围广、惠及群众多、适用效果好的补偿目的。从庐山西海流域的实际情况出发，流域的生态补偿方式除中央和省政府财政转移支付等货币补偿、生态移民安置等形式外，还采取政策扶持、承接产业转移和园区共建、推进精准扶贫、专业技术培训和创新生态司法补偿等方式。

（2）在公益林生态补偿方面，武宁县积极探索建立县级公益林生态补偿机制，逐步提高生态公益林补助标准，认真落实《江西省生态公益林补偿资金管理办法》。一是明确补偿对象和补偿标准，武宁县公益林生态补偿对象包括自然保护区、国有林场、集体林场、森林公园、其他所有制形式的单位和个人。补偿标准按集体和个人所有的补偿18元/亩；专职护林员的管护劳务补助2元/亩；乡镇政府和林业工作站监管支出1元/亩（其中乡镇政府0.3元/亩、林业工作站0.7元/亩）。国有公益林生态补偿资金按21元/亩，由县财政拨入国有公益林单位。二是创新补偿方式，实行"技术+政策"补偿相结合。武宁县除以资金补偿为主外，还采取了技术补偿和政策补偿两种方式。技术补偿主要是为愿意发展林下经济的林农提供生产指导、技术服务和生产培训等，培养技术人才。政策补偿主要体现在贷款方面，对有贷款需求的林农，降低贷款门槛，或者给予优惠吸引林农贷款。此外，武宁县创新生态司法补偿，采取"补种复绿"、"劳役代偿"等方式进行公益生态林补偿。三是制定严格的生态公益林检查验收程序。武宁县林业局下发了《关于开展2018年度生态公益林检查验收工作的通知》，将全县20个乡镇（园区）分7个片区进行检查，由各林业工作站对公益林管护情况进行交叉检查。查阅公益林经营、管护档案，听取了护林员情况汇报，及时掌握和了解公益林的增减变化、管护质量、资金使用等情况，确定发放公益林生态补偿资金。四是加强公益林补偿资金管理监督。武宁县林业局对公益林生态补偿资金检查结果和发放名单进行公示，同时各乡镇财政所对农户一卡通信息进行核实。武宁县涉农项目资金监管领导小组办公室对公职人员领取补偿资金进行监督。

（二）生态环境保护案例：山水林田湖草综合管护

1. 亮点一：露天矿山修复

船滩镇露天矿山点多面广，而且企业"重开采、轻治理"现象严重，严重破坏了生态环境。船滩镇历来高度重视矿山环境整治工作，并积极配合全县露天矿山环境整治"百日攻坚"行动。经过长期生态修复和专项环境整治，船滩镇辖区内大理石矿山已全面投入治理，治理开工率达100%。

一方面，逐矿编制修复方案，明确职责细化分工。首先，邀请专家为船滩镇大理石矿山逐个编制了生态修复整改方案，就地质环境、生态治理、水土保持、安全隐患等各方面制定具体的治理措施，因策施治，从而确保治理的质量。其次，明确每个阶段、每个步骤、每个事件节点的工作内容、时序进度，把责任逐项分解到部门、落实到岗位、量化到个人，使各项工作和各个环节有人抓、有人管、有人负责。

另一方面，巡查促修复方案落地，创新废渣处理思路。船滩镇矿山环境治理行动，无论是前期的宣传动员、摸底调查，还是后期的会商研判、综合整治，都做到以巡查促推进，确保每个环节实打实，不敷衍、不玩虚招、不走过场。同时创新废渣处理思路，加快生态修复进度。船滩镇通过对大块废石实施爆破和鼓励砾石场利用整治矿山废石进行加工的方式，大幅提高废石破碎和清理速度。通过播撒草籽和培植草皮相结合的方法，提高了矿山复绿的效果。通过将整治工程承包的方式，解决了个别矿区老板身在外地，无人整治的难题，大大加快了矿山生态环境修复进度。

2. 亮点二：湖水污染治理

庐山西海 2/3 以上的水域面积位于武宁县，流域面积大，河道里程长。改革开放以来，武宁伴随着工业经济的高速增长和区域人口的急剧增加，产生的大量工业废水和生活污水大多未经处理直接排入朝阳湖，造成水体污染严重，"龙须沟"之名由此而来。武宁县委、县政府以科学发展为理念，坚持保护与发展并重，着重开展庐山西海水域的综合整治工作。

（1）库湾清理，提升水质。2008 年，武宁从湖水保护出发，着重开展网箱养殖专项清理工作，历时三年，2.5 万网箱全部清理到位。库湾养殖中大量投饵、投肥，污染了水质。2011 年，武宁专门成立库湾清理工作领导小组，主要部门牵头，相关部门参与，沿湖各乡镇、工业园区、街道办为主体，按照谁主管谁负责，属地管理的原则，加强督查和跟踪问责，345 座库湾已全部得到清理。

（2）增殖放流，放鱼养水。政企合力，武宁通过竞拍的方式，将庐山西海 30 余万亩水域的水产养殖交给江西省水投生态资源开发集团有限公司管理和运营，实施"放鱼养水，人放天养"的大水面生态开发养殖模式。自 2016 年以来，进行增殖放流，投放各种规格的鳙鱼、鲢鱼等"水里清道夫"鱼种 149.39 万千克，放鱼养水精心呵护庐山西海。

（3）禁港休渔，全面禁捕。2015 年底，江西水投生态资源开发集团有限公司对庐山西海持续开展"九项"整治，在湖区开展渔业专项秩序治理，实行禁港休渔，严禁电鱼、炸鱼，严禁用药钓鱼，严禁用粪肥、化肥养鱼，巩固网箱、库湾清理成果。禁港期间，全天候 24 小时巡查。2015～2018 年，累计投入资金 1500 万元，协助渔政、水上公安打击偷捕、电捕、非法垂钓等违法行为近 200 起，收缴非法捕鱼工具 200 余件，拖网、收网 2300 余条。

3. 亮点三：农田土壤污染修复

随着社会经济的迅速发展，罗坪镇的土壤污染日益严重，主要来源有三个：一是生活垃圾逐步增加，在垃圾堆放或填坑过程中产生大量的酸性和碱性有机污染物，垃圾中溶解出来的重金属严重污染了当地的土壤；二是过度使用化肥农药，造成土地肥力下降；三是矿产资源开发，对矿产资源进行开发时产生重金属元素污染土壤。针对上述三种不同方面的耕地土壤污染，罗坪镇分别做出了应对之策。

（1）完善生活垃圾分类处理，防范农村生活污染。构建更加完善的垃圾处理体系，"户分类、组保洁、村收集、乡转运、县处理"的模式普遍推行，农村环境综合整治百日大会战扎实推进。同时完备城乡环卫一体化终端处理设备，罗坪镇购置垃圾桶 2290 只，垃圾密封箱 33 只，垃圾清运车 23 辆，垃圾转运车 1 辆。

（2）推广测土配方施肥，减缓农业生产污染。在减少农药化肥使用方面，罗坪镇大力推广测土配方施肥技术，县农业局组织技术人员深入罗坪镇，对农田土壤肥力监测点进行 GPS 定位，对土壤成分进行了再检测，并对当前农作物施肥效果逐一进行了对比分析。农业部门利用实地收集的数据，根据作物需肥规律、土壤供肥性能和肥料效应，在合理施用有机肥料的基础上，提出氮、磷、钾及中、微量元素等肥料的施用数量、施肥时期和施用方法，并为农户制定今年的测土配方施肥卡。

（3）施用土壤调理剂，推进土壤重金属污染修复。为打好武宁县的"土壤防治战"，罗坪镇政府开展了耕地保护与质量提升项目。罗坪镇使用土壤调理剂来改善土壤的物理、化学和微生物反应，降低由于矿产资源开采造成的土壤重金属污染，增强土壤肥力。

4. 亮点四：自然保护区建设

伊山自然保护区位于幕阜山腹地，有优越的自然生态环境，山势高峻，峰峦起伏，植被丰富，多为常绿与落叶阔叶混交林。境内有国家一级保护动植物，如白颈长尾雉、穿山甲、大灵猫、周鸟、白鹇、红豆杉等。伊山自然保护区是武宁县重点林区之一，林地面积达 145990 余亩，其中有林面积 14990 亩、荒山 1000 余亩，有林面积占总面积的 95%以上，活立木总蓄积量 37.6 万余立方米，平均每亩近 3 立方米以上。通过武宁县对伊山自然保护区采取的一系列管护手段，濒危动植物数量大量恢复，生态破坏事件明显减少，并且带动了当地经济的发展，取得了良好的生态效益和经济效益。

一方面，整体性保护让森林资源"活起来"。2009 年，武宁县人民政府正式批复建立伊山野生动植物县级保护区，2011 年伊山自然保护区成为省级自然保护区。目前已建成保护站 2 个，分别是伊山保护站和林通寺保护站，保护区现有 12 名工作人员，包括管理局工作人员 6 人及林业工作站人员 6 人。同时，保护区所在的 3 个行政村已订立生态保护村规民约，成立了生态保护工作组。

另一方面，生态规划为多样性保护保驾护航。2009 年，武宁县委托江西省林业科学院野生动植物保护研究所对保护区进行了综合科学考察，编制了《江西伊山自然保护区科学考察报告》、《江西伊山自然保护区总体规划（2009—2018 年）》；此外，江西伊山自然保护区管理局邀请江西师范大学地理与环境学院组织编制了《江西伊山自然保护区总体规划（2019—2028 年）》。

（三）优势资源利用案例：全域旅游

1. 亮点一：城区"景区化"

近年来，武宁县坚定不移地推进"城区景观化"建设，发展全域景区发展型生态旅游模式，通过全域资源整合，实现全域资源旅游化，通过挖掘新兴资源，扩展旅游的发展空间，全力打造中国最美小城、国际旅游休闲养生度假区，把整个县城当作一个大景区来建，把每一个项目当作景点来建。按照山、水、城、景融为一体的要求，武宁投入大量的资金做优环境，着力打造景区城市，目的是将整个县城打造成一个 AAAA 级景区，整个城市都是生态花园。其中，西海湾景区，通过了国家 AAAA 级景区评审，真正实现了"一座城市、一个 AAAA 级景区"的目标。西海湾国家 AAAA 级旅游景区位于江西省九江市武宁县，是庐山西海国家级风景名胜区的核心景区，也是武宁县第一个由政府主导和投资的核心景区。景区总投资 11 亿元，总面积 124 平方千米，其中水域面积 54 平方千米，水质达国家二类标准。景区集山水景观、湖泊水上游览、湿地景观、水上娱乐于一体。水上观光游可沿途欣赏到河湖风光、城市风貌、桥梁文化、水上舞台传统文化表演等诸多景光。景区还设有垂钓、龙舟竞渡、沙滩浴场、水上高尔夫、水上摩托艇冲浪、柳山观光探险、沙洲露营等众多互动项目。西海湾景区把朝阳湖公园、八音公园、沙田湿地公园连成一个城市大景区，已成功入选国家 AAAA 级景区，被授予"江西省最美旅游名片"。具体做法如下：

（1）高起点规划，打造"最美"城市全域大景区。武宁县按照建设"中国最美小城"的标准，对城市进行高起点规划、高标准建设、高效益经营和高水平管理，把项目当景点建，把县城当作景区建。在规划上，参照国内外成功经验，聘请上海、香港等知名大学教授把脉，使武宁的城市规划达到国内县级城市领先水平。在设计上，以人、水、城和谐共生为主题，在不破坏原有生态结构的前提下进行规划布局，营造良好的视觉空间。在建设上，将山水特色与"美"的元素融入到每一块街区、每一栋楼宇、每一段沿湖岸线和每一处建筑节点上。

（2）高品位设计，创作美轮美奂的桥中桥。武宁县城"两湖一河"上凌驾着武宁大桥、西海大桥、长水桥等 11 座别具一格的桥梁。其中，长水桥是连接武宁县城新老城区的重要桥梁。武宁县在长水桥下铺设全长 388 米、宽 6.7 米的水上栈道，形成了独特的桥中桥，并进行景观艺术装饰工程改造。以"两山夹一水"的山水文化作为大背景，以幕阜山脉、九岭山脉旅游景观，武宁风土人情和珍禽走兽为创作布局制作了 132 幅手绘壁画。

（3）高标准建设，完善旅游设施配套工程。西海燕码头作为西海湾景区游客集散中心，是武宁县重点建设的旅游基础设施配套工程。项目总占地面积 115 亩，总投资约 1.5 亿元，主要分三个部分：一是水上游艇浮动码头，水上码头栈道面积达到 3000 平方米，钢趸船共有四艘，游船靠泊位约 100 个；二是集旅游集散、旅游购物、休闲娱乐、观赏游览等多功能于一体的游客服务中心主楼；三是停车场、观景平台、强五战斗机展示区等，码头小车停车位近 200 个，旅游大巴停车位近 100 个，可实现日接待游客最大吞吐量在 8000 人次。

（4）高科技支撑，点亮绚丽多彩的夜色武宁。2017 年，政府对西海湾的建筑开展亮化工程，共安装各类灯具 1 万多盏，埋设各类线缆 10 万多米。通过高科技的灯光舞美联动控制，以染亮变色、雾森、洗亮、投影等光照设计为手段，打造雾森、武宁之眼、武宁船闸、灯光四季变换等特色亮点，展现武宁风采。同时配上高水平表演，弘扬悠久的传统文化。《遇见武宁》旅游演艺项目是西海湾景区独特的大型实景水秀，结合武宁打鼓歌、采茶戏等民俗文化，通过舞蹈、体育竞技、特技等多种表演形式结合，大量使用的 4D 动画、自动喷泉、水幕和瀑布荧幕等全新的艺术表现形式，展现武宁悠久的历史文化和新时代武宁发展面貌。

2. 亮点二：延伸旅游"产业链"

武宁县以发展全域旅游为载体，坚持"旅游+"的发展理念，在促进旅游业与一二三产业融合发展中，重点推进旅游新旧要素之间、不同业态之间的融合。一是拓宽旅游要素的"外延"，将"商、养、学、闲、情、奇"作为新的旅游要素，积极推进新要素与原有的"吃、住、行、游、购、娱"要素进行跨界融合，打造融合型旅游新产品。二是积极推进不同旅游业态的交叉融合，探索跨要素、跨行业、跨区域、跨时空融合旅游资源和延长旅游产业链的新模式，构建丰富旅游供给的立体式网状产业链。王埠村位于宋溪镇东南，曾先后被评为全国民主法制示范村、江西省文明村镇、九江市级党建示范点。例如，王埠村转变思路，以全域旅游为抓手，探索发展乡村旅游，壮大村级集体经济，积极利用齐家省级示范中心村的基础优势，整合项目资金70多万元启动建设以"秋日赏花、农耕采摘"为主题规划的王埠花海项目，融合了四季花海、农耕文化园、亲子体验园、丰收采摘园等众多旅游业态元素。2019年，王埠花海被认定为江西省 AAA 级乡村旅游点。

一方面，潜心挖掘，跨业融合。为了丰富旅游内容，除花海等观光旅游外，景区内设置了农耕文化园、红色记忆馆、趣味运动场、烧烤、特色小吃等项目，还结合鲜花销售、婚纱摄影、花艺展示、农家乐、采摘游和特色农产品销售等，跨业融合极大地丰富了游客的游玩体验。另一方面，资源整合，提档升级。为了提升游客的宜游宜居环境，王埠村把村部大楼建成游客服务中心，为游客提供售票、咨询等服务。全村还以生态为本对村庄进行开发、整治及保护，改善村庄景观和环境，完善公共基础设施。将旅游资源整合利用，发挥"1+1>2"效应，整合王埠花海、甜果园、桂花谷等项目，并加大投入，对景区进行整体提升，打造了一个集游乐、休闲、采摘、亲子互动的综合性乡村旅游景区。

3. 亮点三：健全"康养圈"

武宁县从多个方面发展民宿经济，健全"康养圈"。不仅高位推动，规范与扶持民宿经济发展。武宁县明确民宿经济发展的总体目标、发展方向和年度工作重点，选择部分民宿或村局部区域（自然村）作为重中之重，进行深度文化挖掘和精品培育，还加强顶层设计，规划和引导民宿错位竞争。武宁以旅游供给侧结构性改革为主线，按照"特色化、品质化、差异化、规模化发展"原则引导民宿发展；积极引导民宿经营户结合自身实际，找准市场定位，进行差异化的主题定位。悦山居民宿核心区坐落于九岭山脉中段、武陵岩下的长水七里溪自然村，离罗坪集镇12千米，规划设计占地2万平方米，2018年3月开工建设，一期投资已达3000余万元。悦山居以森林康养为主线，依托长水村千年红豆杉植物群落，充分整合乡村民居资源，打造集住宿、餐饮、养生养老、休闲娱乐等多功能为一体的综合性乡村旅游基地。悦山居一期在2018年国庆试营业，已接待游客5000余人，产生经济效益30余万元。

一是精巧设计，独具匠心。悦山居建成民宿木屋住宿区、户外拓展体验区、农特产品展销区、亲水区，设有棋牌室、乒乓球室、台球室、自助按摩休息室、静书吧、顶层观景台、停车场、星级旅游公厕等其他休闲娱乐配套设施。住宿区依山水而建，由大小21栋木屋别墅组成，采用的原材料都是从加拿大进口，经过环保处理的木材，为了最大限度地保持原生态，每栋木屋都依不同的地势而建，有的地方要砌坎，有的地方要架桥，有的地方还会根据地貌不同，锯掉屋角边缘。二是以客为本，注重体验。游客出门即可林中探胜、溪边亲水，夏秋可山中采摘杨梅、八月灿、九月黄、猕猴桃，冬春可挖竹笋、采山茶、摘野菜；可以品尝石耳、板笋、土鸡等绿色天然食品经生产大队部食堂烹制而成的正宗农家菜。三是污水处理，洁净环境。悦山居处于深山之中，污水难以接入所在村的污水处理管网集中进行处理，为了不让生活污水污染民宿发展所依赖的绿水青山，悦山居建立独立的污水处理系统，处理后的水质达到一级B类排放标准，可直接排入溪中。为了验证污水的达标处理，悦山居用处理设施中排出的清水蓄养了观赏的金鱼。

（四）绿色经济发展案例：生态产业

1. 亮点一：紧抓"康、养、食"为主题大健康产业

武宁县按照"先集聚做氛围，后提升做质量"的理念，鼓励引导现有企业进行产品研发、技术创新、创建品牌；紧盯生物医药类大学、科研院

所和龙头企业开展针对性招商活动，大力引进领军人才和领军企业。紧扣"康、养、食"主题，做实康养谷，培育新动能，着力对接引进高新医疗技术，开展中医养生、康复疗养、生活照护等医疗保健服务，力争把武宁打造成全国一流、世界知名的康养福地。

江西江中中药饮片有限公司于 2008 年在县工业园区正式成立，占地面积近 20000 平方米，其中中药饮片生产车间 6100 平方米。公司成立之初，便树立了秉承"厚德尚质、传承唯新"的理念，坚守"精益传承，创新发展"，按照 GMP 的要求，江中饮片从采购到验收，从炮制能力到仓储条件，层层把关，保证产品质量。2013 年入选为中国中药协会中药饮片专业委员会副理事长单位，2014 年入选为江西药理协会常务理事长单位和副秘书长单位，同时参与了深圳中药标准同盟成员单位，参与江西省中药材制定的标准。2019 年，江西江中中药饮片有限公司获得武宁县首批 A 级纳税信用等级用户的光荣称号。目前，拥有专利 13 项，参加了国际和国家标准的"中药编码标准"起草制定工作。

一是贯彻一个管理理念。公司坚守"厚德尚质、传承唯新"的理念，以生产"让老祖宗放心、让老中医放心、让老百姓放心"的"三放心"中药饮片为质量目标，始终坚持以传承为手段，以创新为动力，实施全面质量管理，以规范化生产工艺为抓手，不断努力提高产品质量。二是培养一支人才队伍。聘请经验丰富的老药工，邀请省、内外专家来司传经送宝；根据岗位需要和员工职业规划，把员工派出去参观学习；致力于给员工搭建学习成长的平台。三是建立一套质量管理体系。江中饮片利用先后四次的 GMP 证书认证的准备和验收工作，以符合企业和中药饮片行业特点为目标，先后五次系统地、全面地对 GMP 文件体系进行修订、完善。公司依据《中药编码规则及编码》建立了中药饮片质量追溯体系。使产品做到来源可溯、去向可查、责任可究。并与产地农户签订长期供销协议，对原料供应商实行产品质量信用管理机制，把质量管理延伸到山间田头。四是添置一系列设施设备。普通中药饮片生产车间、毒性中药饮片生产车间、净化车间和仓库等按照规范进行建设，实验室配置全自动电位滴定仪、紫外分光光度计、薄层扫描仪、高效液相色谱仪、蒸发光散射检测器、气相色谱仪、原子吸收分光光度计等一批高科技精密检测化验仪器。公司起步即严格遵循 GMP 要求，探索从道地药材采购到原料验收入库，从饮片加工炮制到成品检验放行的全过程，采用科学检测手段，严把每个质量控制点，建设了面积达到 1500 平方米的常年保持 10℃ 的低温库，进一步确保药材和饮片得到最佳储存条件。

2. 亮点二：“党建+”与精准扶贫

牌楼村地处澧溪镇东大门，距离集镇 5 千米，全村辖 13 个村民小组，常住人口 1453。因土地分散、生产管理困难，招商引资难度大，之前属于典型的集体经济薄弱村，全村有贫困户 37 户 127 人，大多因缺少资金、技术、门路而未耕种，陷入贫困。为了带动贫困户脱贫，牌楼村“两委”研究决定，由村党支部牵头，把党员骨干和贫困户组织起来成立白莲专业种植合作社，种植“太空 30 号”优质白莲。牌楼村将“党建+”与精准扶贫有机结合打出了“莲田扶贫+扶勤扶智”的组合拳，用白莲种植的“大手”拉起贫困户的“小手”，有效增强贫困户的造血功能，形成了党支部作用增强和集体经济发展增加、合作社增效和贫困户增收、秀美乡村建设和全域旅游发展的多赢局面。

一是推行“党支部+合作社+贫困户”模式。村“两委”成员多次赴兄弟县市考察后，筹资 15 万元，将村里分散抛荒的土地流转起来，组织党员骨干和 17 户贫困户成立白莲专业种植合作社，种植“太空 30 号”优质白莲 84 亩，同时积极发展干莲子、莲心茶、荷叶茶、葛根加工等深加工产业。17 户贫困户通过资金入股分红的方式参与合作社，项目资金共分成 100 股，每股 1500 元，村集体占 60 股，17 户贫困户占 40 股，第一年的收益作为股本，之后莲田的收益全部归贫困户所得。2017 年实现村集体增加收入 10.2 万元，17 户贫困户增收 6.8 万元。二是形成“种植产业+生态旅游”模式。莲花的观赏和莲子的采摘所带来的旅游内容是牌楼村发展生态旅游的根本，而旅游资源与莲结合，则是将村里的莲子产业扶贫打造的亮点。合作社在现有的基础上，继续投入资金，扩种 150 亩白莲种植面积，同时将筹集资金进行基地绿化、景观建设，使基地成为集观赏、住宿、餐饮为一体的休闲观光基地。既吸引了游客观光、体验，也为贫困户提供更多的就业机会，带动更多群众致富。三是开展"白+黑"销售模式。在鲜莲大量上市的季节，镇村干部在宣传推介游客采摘的同时，积极出谋划策开启了"白+黑"的销售模式，白天组织党员群众到集镇中心、县城菜场进行分点销售，晚上召开党员群众座谈会，征集大家意见，积极寻找商家、水果店、超市进行合作，实现统一销售，拓宽莲子销售渠道，也提升了村民种植荷花脱贫致富的信心。

3. 亮点三：科技打造"手上农庄"

牌楼江西手上农庄农业科技有限公司，是一家向城市消费者提供农村土地租赁服务的农业科技公司。2018年，"90后"创业人叶志高经过市场调研，利用大洞乡彭坪村良好的土地资源优势，和村里另外2名"90后"青年一起创办了这家智慧农业公司。他们把村里的土地流转过来，划分成若干区块租赁给大城市里的客户，然后根据客户需求种植相应品种的蔬菜，并通过摄像头和手机APP让客户实时"参与"蔬菜种植的全过程，打造城里人的私家菜园。独特的经营模式使公司3个月就发展了200多个稳定客户。手上农庄既满足了城市消费者吃上放心蔬菜的愿望，又助力乡村脱贫攻坚，开启了城市消费者享受绿色生态农业和贫困户增收的双赢模式。

一是依托自然山水，打造原生农庄。虽然彭坪村地处偏远，但地势高、空气好，山清水秀，土地肥沃，发展绿色生态农业得天独厚。手上农庄以"绿色、天然、有机"为种植根本，邀请农学院专家提供技术指导，雇用贫困劳动力按照客户要求定制种植，给每一位客户一个原生农庄。二是安装远程监控，让客户放心无忧。农庄安装高清摄像头24小时远程监控，客户可以通过手机APP随时查看自己租赁土地上农作物的生长情况，发布浇水、施肥等指令，公司员工按照客户的要求进行操作，打造城里人的私家菜园。三是坚持源头抓起，保障食品安全。随着社会的发展，人民的生活水平普遍提高，对于食品健康的要求也越来越高。城市客户以每月

15 元/平方米（10 平方米起租）的价格租赁土地，选择自己想种养的果蔬及家禽。15 元包含人工服务费和所在城市物流费，而且从采摘到送达不会超过 12 小时，让客户种植的农产品做到真正意义上的中间商零差价、零损耗。四是组织农耕文化活动，体验农家生活。手上农庄每月会组织一次农耕文化体验活动，如吃鸡节，帐篷节等让客户切实感受到农耕文化的魅力，体验农家生活的惬意。家长可以趁此机会向孩子科普各种蔬菜瓜果的名称，传授摘菜的技巧，培养他们对土地的热爱以及爱惜粮食、呵护生命的好品质。

第五章

传统文化区域生态文明建设经验：
以景德镇浮梁县为例

　　传统文化区域以悠久的历史文化底蕴和独特的传统文化内涵为依托，以"生态+文化"融合发展为路径，存在文化遗迹保护修复成本较高、特色开发利用难度较大的制约，面临将文化沉淀和生态文明建设融合发展的迫切需求。传统文化区域在生态文明建设过程中，重点在紧扣传统文化魅力，深挖传统文化巨大潜力，加大历史遗迹保存修复力度，探索"传统文化+生态文明"建设模式，实现经济社会绿色古色红色共同发展。

　　全国范围内传统文化区域生态文明建设具有一定代表性，如福建的"长汀模式"、河南的"开封模式"、河北的"邯郸模式"等。此类型区域在生态文明建设过程中，注重从丰厚的优秀传统文化中积累生态文明建设的文化基础，利用传统文化的底色去浸染生态文明的绿色，将文化的魅力充分释放，为生态文明建设的文化基础、资源条件、发展环境奠定基础，不断夯实绿色发展的空间格局、产业结构、生产生活方式以及制度架构。

　　浮梁县作为江西传统文化区域代表，近年来，始终牢固树立"绿水青山就是金山银山"的发展理念，紧紧围绕"努力把浮梁建成与世界对话的国际瓷都后花园，成为全省县域经济绿色发展的样本"发展定位，着力打好"生态牌"、"高铁牌"、"高校牌"，大力做好治山理水、显山露水、"生态+文化+发展"三篇文章，持之以恒推进生态文明建设，保持经济社会健康较快发展，被纳入国家重点生态功能区，被评为国家生态县、国家生态文明建设示范县、全国休闲农业与乡村旅游示范县、江西省生态文明先行示范县、省级森林城市。

一、浮梁县的基本情况

浮梁，地处赣东北，位于赣、皖二省交界处，是鄱阳湖生态经济区38个重点县（市、区）之一，属高效集约发展区。自唐武德四年（公元621年）置县至今已有将近1400年历史。唐天宝元年（公元742年），"因溪水时泛，民多伐木为梁"，故更名为浮梁县，从此，浮梁之名一直沿用至今。2021年，浮梁隶属景德镇市，县域面积2851平方千米，辖9个建制镇、7个乡，总人口28.04万，生态环境优美，被誉为"瓷都后花园"，是国家生态县和国家生态文明建设示范县。浮梁区位优势独特，作为赣东北地区最重要的生态屏障和国家重点生态功能区，承载着整个流域重要的生态屏障功能，同时又地处全国9个生态良好地区和全国35个生物多样性保护优先区中的黄山—怀玉山脉生物多样性保护优先区域之中。

（一）丰富的自然资源

浮梁县淡水资源丰富充沛，饶河支流昌江自北向南穿越浮梁县境内，境域主流全长61千米，自祁门至波阳主河道平均坡降0.458‰。森林资源十分可观，浮梁县是一个典型的山区县，属常绿阔叶林植物区，森林覆盖面积广，森林覆盖率高，种类多样。据调查，全县总面积394.6万亩（不含枫树山林场在浮梁县境内35.6万亩林地），其中林业用地324.6万亩，占82.2%，活立木蓄积量1990万立方米，森林覆盖率81.4%。在324.6万亩林业用地中，有林地面积307.9万亩，占94.9%，其中天然林蓄积1744.2万立方米，占活立木蓄积量的87.6%，人工林蓄积185.02万立方米，占活立木蓄积的 9.3%，毛竹立竹 2912.8 万株。

（二）特色的矿产资源

浮梁县已发现各种有用矿产 26 种，查明资源储量的 19 种，其中已列入江西省矿产资源储量简表的 17 种，主要金属矿种类有金、银、铜、锡、锌、钨、镉等，非金属矿种类有高岭土、瓷石、大理石、白云岩、萤石、耐火黏土、石英矿、煤矿。储量较大的金属矿分别是金（5342 千克）、钨（4.66 万吨）、锡（4 万吨）、铜（1.5 万吨）、锌（2 万吨），储量较大的非金属矿分别是高岭土（50 万吨）、瓷石（520 万吨）、大理石（2243 万立方米）、石灰石（20.86 亿吨），给陶瓷产业发展以强大的原料支持。矿产地 55 处，其中大型 8 处、中型 5 处、小型 42 处。朱溪发现的世界上最大的钨铜矿，储量 286 万吨，资源量达到了原世界最大钨矿大湖塘钨矿的 2.7 倍，成为迄今世界上发现的资源量最大的钨铜矿。

（三）繁多的生物种类

浮梁境内属亚热带季风气候区，群山环绕，丘陵起伏，平原盆地兼备。河流纵横，自然地理环境优越，野生动植物种类繁多，资源丰富。境内植被属亚热带常绿阔叶林区，木本植物有 96 科 928 种，主要树种有杉木、马尾松、湿地松、槠树、栲树、栎类、木荷、樟树、枫香、拟赤杨、檫树、毛竹等，还分布许多国家、省级保护动植物，其中国家Ⅰ级保护植物 2 种，为南方红豆杉、银杏，国家Ⅱ级保护植物 9 种，为香榧、闽楠、鹅掌楸、香樟、华东黄杉、野茶树、花榈木、凹叶厚朴、永瓣藤，省级保护植物 19 种；国家Ⅰ级保护动物 5 种，为黑麂、云豹、金钱豹、白颈长尾雉、中华秋沙鸭，国家Ⅱ级保护动物 19 种，省级保护动物 30 余种。登记在册古树名木 6.1 万株，其中古树群 126 个，散生单株 5021 株。境内设有省级自然保护区 2 处，县级自然保护区 5 处，国家和省级森林公园 4 处，省级湿地公园 1 处。

（四）深厚的文化底蕴

浮梁文化底蕴深厚，自古尚学兴教，是典型的中国古代耕读文化兴盛之地。历史上曾经出过一王二侯三尚书六宰相七侍郎。三百进士名金榜，四千学子遍五洲。宋代，浮梁高僧佛印返乡并卓锡于宝积禅寺，苏轼、黄庭坚两人闻讯专程到寺拜访，三人游昌江，叙别情，赋诗文，斗机锋，留下千古佳话，后人称为"三贤"。现有全国重点文物保护单位5处，省级文物保护单位12处，市级文物保护单位34处，县级文物保护单位66处。

（五）聚集的旅游胜地

浮梁是旅游胜地。浮梁旅游资源丰富，拥有高岭—瑶里景区、古县衙景区、皇窑景区等国家AAAA级景区3个，双龙湾、严台、礼芳、天宝龙窑等国家AAA级旅游景区4个，有沧溪、进坑、向阳公社等十余个乡村旅游点。此外，浮梁还有中国历史文化名镇1个，中国历史文化名村4个，中国传统村落18个，省级历史文化名村7个。现已初步构建了"一核两轴三集群"的全域旅游格局，即以浮梁县城为核心，县城至瑶里景区和县城至浯溪口水库为两大旅游综合发展轴，发展城市旅游、瑶里景区旅游和山地生态旅游三大集群。近年来，浮梁多次被评为全省旅游工作先进县，高岭—瑶里景区被评为江西十大"避暑旅游目的地"。

二、浮梁县生态文明建设面临的困境

历史上的浮梁曾因瓷茶文化闻名世界，但随着经济社会的发展和市场竞争日益激烈，浮梁曾一度遭遇生态文明建设困境。一是瓷土资源过度利用。产于浮梁高岭村的高岭土造就了景德镇瓷器的美名，但高岭土的过度开发也给浮梁乃至景德镇陶瓷业的发展埋下了隐患。二是经济发展遭遇瓶颈。1989 年，浮梁复县，作为一个农业经济县，在浮梁茶错失发展时机的同时，工业发展基础薄弱，旅游业开发力度有限。

（一）资源过度利用

元代，人们发现了高岭土，其与瓷石混合的配方解决了瓷石作为单一原料烧造的瓷器不易塑形且易开裂的缺陷，显著提高了景德镇陶瓷的品质，使其达到"白如玉、薄如纸、声如磬、明如镜"。伴随高岭土的大规模开采，到清代时，高岭村的高岭土几乎已被开采殆尽。除高岭村外，景德镇境内瓷土矿资源分布广泛，近30%的土地面积蕴藏着瓷土矿资源，自清代设立官窑开始规模开采瓷土资源，到 1949 年后，在景德镇市新建了大洲瓷土矿、三宝瓷石矿、宁村瓷石矿、画眉垅瓷石矿、马龙塘瓷石矿、瑶里瓷石矿、陈湾瓷石矿和浮南瓷土矿等大中型瓷矿。其中位于浮梁县的宁村、画眉垅和马龙塘三个矿出产的瓷土能够用于烧制高温瓷，历经千年不变形，从 20 世纪 80 年代开始大规模开采。然而，瓷土作为稀有矿产十分有限，六七十年代，景德镇范围内探明的瓷土资源总量共 2400 万吨，可采储量为 1320 万吨，到 2012 年，景德镇已探明的优质瓷土矿还剩 90 万吨，仅可开采 10 年左右。2007 年浮梁瓷土矿的开采量已经降到 8.8 万吨，大批瓷土矿和以瓷土矿为主要生产原料的企业破产、倒闭，与瓷土配套的加工、制造型瓷厂普遍处于停产或半停产状态。在这种情况下，2009 年景德镇市被列入国家第二批资源枯竭型城市名单。

（二）环境污染突出

竭泽而渔的资源开采不仅不利于产业持续发展，而且会对环境带来严重威胁。20 世纪五六十年代瓷土矿直接向河流排放尾砂，导致河道淤塞，河床抬高，农田受到尾砂侵蚀，农户被迫搬迁，水电站发电量不足，周围居民长期饮用泥沙水，身体健康受损等问题。此外，瓷土矿开采区的植被受到破坏，造成严重的水土流失，形成崩滑流地质灾害隐患，造成采空区地面塌陷，水土污染及水土流失和采矿活动对周边居民道路破坏等问题。由于资源产业与资源型地区发展的规律，类似浮梁这样的资源型地区必然要经历"建设—繁荣—衰退—转型—振兴（或消亡）"的过程。

（三）经济规模偏小

2021 年，浮梁县地区生产总值为 164.17 亿元，同比增长 9.2%，增速排全市第一位。其中，第一产业增加值为 21.57 亿元，增长 6.6%，第二产业增加值为 83.83 亿元，增长 9.1%，第三产业增加值为 58.77 亿元，增长 10.3%。然而，浮梁县的地区生产总值在景德镇市 4 个县区中排最后一位，2021 年，浮梁的地区生产总值仅占景德镇市（1102.31 亿元）的 14.87%，与另外三个县区相比，浮梁的地区生产总值为珠山区的 64% 左右、昌江区的 60% 左右、乐平市的 40% 左右。

（四）产业基础薄弱

重要工业基础的缺乏，使浮梁工业企业少、规模小，运行质量和效益不高，工业主导产业规模不大，初级产品多，深加工、应用产品比例小，尤其缺乏能够支撑和带动整个产业结构优化升级的龙头企业。瓷土危机后的瓷产业受到较大的冲击，浮梁几百年来在制瓷业的荣光慢慢褪去。浮梁县农业经济结构比较单一，主要以粮食、茶叶等种植业为主，经济结构单一，产业化水平不高，农民增收乏力。在改革开放以后，随着福建、浙江两省茶产业的迅速崛起，浮梁茶在全国茶叶市场的地位逐步弱化。

（五）文旅资源开发力度不够

浮梁县虽然具有丰富的文旅资源，但依然存在旅游文化资源分散管理，旅游产业结构不合理，独具特色的文化生态资源挖掘、开发和利用不够等问题。一方面，由于景区条块分割，管理分散，互补性不强，市场化程度低，既不利于客源市场统一拓展，也缺乏对外营销的合力。另一方面，特质文化挖掘不深，产品同质化，旅游精品打造不足，致使回头客少，逗留时间短，消费水平低。

三、浮梁县生态文明建设的具体举措

面对上述困境，浮梁清晰地认识到生态文明建设在经济社会发展中的分量和作用也越来越显著。2016年，习近平同志视察江西时指出，江西生态秀美、名胜甚多，绿色生态是最大财富、最大优势、最大品牌，一定要保护好，做好治山理水、显山露水的文章，走出一条经济发展和生态文明水平提高相辅相成、相得益彰的路子。浮梁县深刻践行"绿水青山就是金山银山"重要发展理念，坚定不移地按照"打造生态样板，建设旅游胜地，做美山水城市，努力把浮梁建成对话世界的后花园，成为全省县域经济绿色发展的样本"的发展定位，将生态建设与环境保护作为经济发展的主旋律。保护一方未受污染的水土，强化浮梁的生态优势禀赋，是实现"绿水青山就是金山银山"的载体。将生态优势转化为发展优势，同时结合文化资源，着力打造"浮梁茶、世界瓷都之源、健康旅游目的地"三大品牌，是实现"绿水青山就是金山银山"的转化路径。加快人才引进、技术支撑和金融支持与生态环境的融合，是上述转化路径保持通畅的保障。

（一）保护绿水青山

根据浮梁县生态环境保护委员会《关于印发〈浮梁县污染防治攻坚战八大标志性战役总体工作方案〉的通知》的精神，浮梁县在发展经济的同时，坚决打好污染防治攻坚战，加强生态保护与修复，打造生态宜居家园，筑牢浮梁绿水青山的底色。

1. 蓝天保卫战

一是出台文件定方向。依照《浮梁县大气污染治理工作方案》等指导性文件，明确了有关部门的职责和目标任务，着重解决"四尘"（建筑工地扬尘、道路扬尘、运输扬尘，堆场扬尘）、"三烟"（餐饮油烟、烧烤油烟、垃圾焚烧浓烟）、"三气"（机动车尾气、工业废气及燃煤锅炉烟气）等大气污染问题，有效防范空气污染。二是落实措施看效果。加快产业结构优化升级，淘汰落后产能，调整产业布局，大力发展绿色、循环、低碳的现代产业体系，使产业结构不断向生态化方向发展；优化能源结构，深化燃煤锅炉治理，推进"煤改气"，农村地区实施秸秆综合利用，提升了全县空气质量。

2. 碧水保卫战

按照《饶河源头重要生态功能区保护与建设规划》、《关于加强昌江源头保护区生态保护与建设工作的意见》、《饶河（昌江）源头保护区生态环境监察办法》、《全面推进农村生活污水治理工作实施意见》、《浮梁县饮用水源地保护区专项整治方案》、《浮梁县水污染防治工作方案》等一系列水源保护措施，浮梁县制定了系统的管水、治水、兴水框架。一是构建管水新格局。紧紧抓住规划制度、组织机构、试点创建等重点，制定了《浮梁国家生态文明建设示范县规划（2016—2020年）》和《昌江流域（浮梁县境内）水环境保护综合规划（2016—2030年）》等文件，建立水利、环保等25个成员单位协调联动制度，积极探索水生态文明乡（镇）、村试点创建工作。二是破解治水难题。始终以问题为导向，坚持保护和治理并举，对工业污染、城镇生活污染、农村面源污染等进行全方位控制，全力保障饮用水源安全。三是探索兴水路径。将传统水利工程上升为系统的水生态文明建设，高标准打造水系景观，优化空间布局，强化水和湿地生态系统保护。

3. 净土保卫战

依照《浮梁县土壤污染防治工作方案》等指导性文件，健全土壤污染防治体系，保持土壤环境质量总体稳定，保障农用地和建设用地土壤环境安全，管控土壤环境风险。在全面排查摸清土壤污染现状的基础上，改善耕地质量，治理土壤污染，修复森林用地。在改善耕地质量方面，落实耕地保护责任制，完成了全域永久基本农田划定工作，编制县域空间规划，实施土地用途管制，盘活存量低效用地，提高土地集约化利用水平，加大土地开发整理力度。在治理土壤污染方面，对 29 家危险废物重点监管企业进行日常监管，建立本级名单并在同级网站上发布，根据发布情况记分，严格落实危险废物管理制度；对农用地开展布点监测，完成土壤污染防治修复项目，实现受污染耕地安全利用和严格管控。在修复森林用地方面，实施以天然阔叶林和生态公益林为主的绿色资源保护工程，以建设绿色生态屏障为宗旨，大力实施"天然保护林工程"、"退耕还林工程"、"长江防护林工程"、"公益林保护工程"，扎实推进森林生态体系建设，在全省最早施行天然阔叶林和公路沿线 1000 米以内的林木禁伐政策。

4. 生态宜居建设

浮梁围绕创建省级生态文明建设示范县、国家生态文明建设示范县、国家园林县城和城市"双修"工作，重点打造好"一个龙头，两条主线"（城区抓住一个龙头，镇村构建两条主线），着力实施十大项目，按照"宜居、宜业、宜游"的要求，修复自然生态，补齐民生短板，提升文明程度，推动城乡环境更加优美、城乡功能更加完善、城乡治理更加有序、城乡生活更加美好，打造对话世界国际瓷都的后花园，彰显"瓷源茶乡、诗画浮梁"魅力，使浮梁真正成为全省县域经济绿色发展的样本。在乡村，以景区化的标准和理念，因地制宜开展"美丽集镇、清洁村庄"建设，着力打造了一批亮点村，鹅湖良溪、臧湾杨家庄、经公桥源港等各具特色、尽显魅力。在城区，重点对影响城市环境的坍塌破房、破旧广告牌等予以全面拆除，对城区占道经营、乱停乱放等破坏公共秩序行为进行全面整治，对"两违"行为重拳出击，对老旧小区进行改造，完成县城主干道"白改黑"，全民动员、全民参与，彻底改变了"脏乱差"形象。从县城、乡镇集镇、村庄到"一带四边五河七线"，放眼望去，山清水秀地干净，城乡面貌焕然一新，人民群众的获得感和幸福感油然而生。

（二）变现金山银山

保护生态环境的同时，必须要探索经济建设的道路，在不破坏自然环境的基础上实现经济的发展，这也是践行"两山论"的关键所在。牢固树立"绿水青山就是金山银山"的理念，坚持把生态文明建设与推进发展升级结合起来，利用生态本底好与增量快的优势，以产业链接生态价值的模式捕捉生态增益价值，发展浮梁特色产业集群。通过政府构建制度框架体系，引导企业创新实践，凭借"瓷之源、茶之乡、林之海"的得天独厚优势和深厚的历史文化底蕴，全面推进浮梁茶产业复兴，推动瓷产业转型，加速旅游业发展，促进"古、绿、红"生态文化融合，将通过产业生态化推动生态优势转化为经济优势。

1. 加速茶产业复兴

一是推进茶产业绿色发展。通过扩大浮梁有机茶基地，以瑶里、西湖、江村、臧湾、经公桥、勒功、鹅湖、兴田等地为重点，建设浮梁有机茶基地，巩固全国无公害示范基地县，加快绿色有机茶基地建设，以提升浮梁有机茶品质。二是实现茶产业高效发展。通过大力培育新型农业经营主体，通过土地、资金入股的方式，实施"龙头企业+农户"或"合作社+农户"的经营模式，将山林及茶园划归企业统一经营管理，实现企业和农户利益共享、风险共担的模式，将原本散乱小的山水田进行无公害有机茶园开发、低产茶园改造及园田化改造，大量种植有机茶，发展苗木观赏、农家乐等绿色生态健康连锁经营项目，以激发浮梁茶生产潜能。三是提升茶产业品牌发展。通过打响浮梁茶区域公用品牌，带动企业打造产品商标，按照"政府主导，协会牵头，企业主体"的原则，提出并制定了"产地商标统一，证明商标凸显，产品商标各异，公共资源共享"品牌建设的措施，通过"分层宣传、整体推介、全面打造"，形成绿茶以"浮梁茶"地方证明商标为主品牌，红茶以"浮梁茶—红茶"原产地商标为主品牌，企业着力开发新品种、新产品，以提升浮梁茶市场知名度和占有率。

2. 推动瓷产业转型

按照集群化、绿色化和智能化发展方向提升传统陶瓷产业。在集群化发展方面，浮梁曾经形成"一园四基地"的功能分区，"一园"指陶瓷工业园，主要以发展高科技陶瓷、高档陈设艺术陶瓷、高档日用陶瓷为主；

"四基地"指三龙、洪源、湘湖、寿安四个产业基地，其中三龙产业基地以全国知名的建筑卫生陶瓷为主。由于陶瓷产业园划为景德镇市政府管辖，因此在原三龙产业基地基础上打造省级产业园区，拓展陶瓷产业发展空间，形成陶瓷产业集群，产生集聚效应和辐射带动效应，促进陶瓷产业集群化发展。在绿色化发展方面，积极推动陶瓷产业升级，鼓励乐华等龙头企业加大科技创新力度，通过项目工艺及设备节能措施、电能节约措施、节水措施、建筑节能措施以及陶瓷生产线技术改造等手段大幅降低生产过程中的能耗，以实现陶瓷产业绿色低碳转型。在智能化发展方面，大力提升现有建筑卫生陶瓷产业水平，鼓励金意陶等龙头企业申报智能制造项目，强化产能控制，做好传统建筑卫生陶瓷产品增值化；加强高技术陶瓷企业引入，调高陶瓷企业准入标准，大力发展高科技陶瓷、特种陶瓷，增强陶瓷产业新动能，促进传统陶瓷产业技术进步，以实现陶瓷产业智能化发展。

3. 加速旅游业发展

一是构建全域化旅游格局。根据《浮梁县落实全市创建"国家全域旅游示范区"实施方案》，积极构建"一核两轴三集群"全域型旅游大格局，确定了发展旅游为强县富民"一号工程"的战略地位，全县精力向旅游集中、人力向旅游集聚、财力向旅游倾斜，以大格局谋划、高品位建设、新业态培育推动大旅游发展。实行了高位推动，发挥高岭—瑶里风景名胜区管委会统筹功能，对全县优质旅游资源进行有效开发利用。二是发展保护休闲旅游业。利用翠冠梨、椪柑、有机蔬菜等优势产业，发展休闲农业，以农业休闲、观光、乡村文化体验、农事体验为主要功能的乡村休闲旅游区，促进一二三产融合发展。三是打造保护教育性旅游业。以古县衙和皇窑等 AAAA 级景区进行廉政教育或研学性旅游，推进浮梁古县衙 AAAA 级景区创国家 AAAAA 级景区，印发《关于印发浮梁古县衙景区创建国家 AAAAA 级景区实施方案》，促进独特的历史建筑、深厚的文化内涵、瓷茶文化、生态环境与旅游业的紧密融合。四是推动保护开发型旅游业。推动项目建设，加大旅游招商，协调落实"高岭·中国村"田园综合体、经公桥红旗峰生态旅游项目、荻湾国家旅游度假区、蛟潭花千谷农都小镇等重大旅游项目的选址、规划、征地、拆迁和建设等工作，对南市街、浯溪口等优质资源，要加大招商引资力度，吸引社会资本注入，借势资本加速发展全域生态旅游。

4. 促进生态文化融合

一是传递传统文化活力。依托"绿、古、红"独具文化生态特色的旅游资源，通过"两景区两名村"建设（"两景区"即高岭—瑶里景区、古县衙景区两个国家 AAAA 级景区；"两名村"即勒功沧溪、江村严台两个中国历史文化名村），挖掘整理瓷茶文化、衙署文化、理学文化、古村落文化、红色文化、民俗文化等特色文化，加大力度保护红塔、古县衙、高岭古矿遗址、东埠古街、陈毅旧居和浯溪口库区文物等文化遗产，保护浮梁历史文脉，渲染浮梁瓷、茶文化的源远流长。二是激发新型文化创意。以进坑、兰田、南市街等南河流域陶瓷文化区和陶瓷文化创意产业集团为重点激发新型文化创意，打造"景漂"创新创业基地，打造实景演出项目，建设文化展示馆，加强文化宣传推介，积极开展对外文化交流与合作，借助茶文化旅游节、瓷博会等文化交流平台，讲好由古代文化走向现代文化的演变过程和发展趋势。三是满足人民文化需求。以推动创新为动力，紧密结合浮梁群众文化实际，满足人民群众精神文化需求，群众文化、专业艺术、文博事业等蒸蒸日上，推进以人为本，生态文化大发展大繁荣。

（三）保障"两山"转化

虽然浮梁县有得天独厚的生态与资源基础，为经济的发展保驾护航，但如果继续沿用以牺牲环境换取发展的老路，仍然不符合生态文明建设的总体要求，也不会走太远，只有实现经济与环境的互济共生才能真正打通"两山"通道。为"两山"建设保驾护航，必须坚持创新体制机制。一是制定"两山"转化制度。通过制定浮梁县主体功能区规划，在深入推行河长制的基础上全面实施湖长制，扎实推进"林长制"，有效实现"林长治"，有序开展自然资源资产离任审计等"两山"转化制度体系，从顶层设计的角度保障了全县绿水青山的根本。二是增强"两山"转化动力。通过加大财政投入、积极争取生态文明建设项目、鼓励和吸引社会资本、协调金融机构扩大信贷额度等方式加大资金投入；印发《浮梁县2018—2020年人才工作规划》，围绕汽配、陶瓷、电子等新型工业，茶叶、种植、养殖等特色农业，旅游、康养、文化等现代服务业三大产业大力引进高层次人才和青年优秀人才等；增强校地合作和科研转化，设立科技成果转移专项资金，促进科研成果就地转化，做好技术支撑保障等手段，增强"两山"转化动力。

四、浮梁县生态文明建设的整体成效

党的十八大报告明确提出，绿色发展是建设生态文明的重要手段，绿色发展促使经济持续健康发展，从而形成绿色经济。绿色经济又能够带动绿色社会和绿色文化的发展，并最终改善人们的生活环境，提升人们的生活水平和生活质量。可见，绿色发展是实现经济发展与环境保护和谐统一的理性发展方式。在实施绿色发展方式时，稳定持续的经济发展、优化升级的产业结构、美丽的生态环境和安定幸福的生活都是最终的发展目标。

浮梁县把生态文明建设放在突出的战略地位，尊重自然、顺应自然、保护自然，树立既要金山银山，更要绿水青山，绿水青山就是金山银山的生态文明理念，遵循绿色发展、循环发展、低碳发展的基本路径，积极转变浮梁经济发展方式，不断提升浮梁社会发展质量。浮梁的生态优势为区域内经济发展奠定了良好基础，而经济的发展在政治政策建设保障基础上又反哺生态环境保护，从而实现经济与环境互动循环，较好地实现了绿色经济发展，全县经济社会和生态环境保持了健康发展的良好势头。

（一）经济总量持续增长

2016 年，地区生产总值 109.57 亿元，增长 8.7%；财政总收入 10.3 亿元，增长 5.8%，剔除"营改增"因素同口径增长 15.1%；固定资产投资 76 亿元，增长 15%；实际引进内资 112 亿元，增长 11.2%；利用外资 4987 万美元，增长 13.9%；社会消费品零售总额 21.4 亿元，增长 11.9%；城镇居民人均可支配收入 25870 元，增长 9.3%；农村居民人均可支配收入 14050 元，增长 10%。

2021 年，地区生产总值为 164.17 亿元，同比增长 9.2%，增速排全市第一位；全年全县一般公共预算收入 8.34 亿元，同比增长 0.7%；社会消费品零售总额完成 26.09 亿元，同比增长 17.0%，增速排全市第二位；全年全县城镇居民人均可支配收入 37172 元，同比增长 7.5%，农村居民人均可支配收入 21580 元，增长 10.4%，增速排全市第一位。

（二）产业结构优化升级

2016 年，第一产业增加值 14.29 亿元，增长 4.4%；第二产业增加值 66.22 亿元，增长 9.2%；第三产业增加值 30.47 亿元，增长 9.7%。2018 年，第一产业增加值 17.26 亿元，增长 3.8%；第二产业增加值 64.85 亿元，增长 8.7%；第三产业增加值 38.77 亿元，增长 9.9%，浮梁县二三产业均保持了较快速度的增长，增长速率均高于景德镇市三次产业增长速率。2021 年，第一产业增加值为 21.57 亿元，增长 6.6%；第二产业增加值为 83.83 亿元，增长 9.1%；第三产业增加值为 58.77 亿元，增长 10.3%。三次产业结构由上年的 14.4∶49.3∶36.3 调整为 13.1∶51.1∶35.8。

（三）生态农业蓬勃发展

2016 年，粮食总产量达到 18.9 万吨，实现"十三连增"，有机稻种植面积达 6200 亩，被列入"国家有机产品认证示范区"创建县。2019 年，粮食播种面积 43.9 万亩，总产量 18 万吨，有机稻种植面积超 2 万亩。茶产业种植面积和产量提升的同时，"浮梁茶"品牌价值不断提升。2019 年，茶园总面积达 19.52 万亩，茶叶产量突破万吨，达 1.04 万吨，茶叶一产产值 7.35 亿元，综合产值 17.5 亿元，浮梁茶品牌估值 26.54 亿元，被评为中国茶叶"最具品牌资源力"的三大品牌之一。茶叶、蔬菜、瓜果等特色农业产业日益壮大，2016 年，新增省级龙头企业 15 家、市级龙头企业 32 家；新增农民合作社 81 家，达到 586 家；新增家庭农场 31 家，达到 327 家，2018 年，休闲农庄、家庭农场、合作社等新型农业经营主体共计 1185 家。2019 年，建有全国休闲农业与乡村旅游示范点 2 个，中国最美休闲乡村 1 个，省市休闲农业示范点 41 个。

（四）绿色工业初显雏形

2018 年，工业总产值达到 133.28 亿元，增长 13.6%。2019 年，规上工业总产值达 94.24 亿元，增长 12.2%，新增规上工业企业 18 家，增长 12.5%，工业对国民经济贡献率达 55.4%。2021 年，全年全县规模以上工业增加值同比增长 11.1%，高于全市平均水平 0.2 个百分点，排全市第一位。全县规模以上工业企业实现产值 56.1 亿元，同比增长 32.6%；实现营业收入 47.6 亿元，增长 47.8%；实现利润总额 3 亿元，增长 15.4%。

2016 年，陶瓷、机械加工等支柱产业开始集聚发展，其中，陶瓷业主营业务收入达到 137 亿元，占规模以上工业企业总额的 59.6%。北汽昌河汽车洪源新基地 Q25、Q35 小型汽车实现批量生产，产销两旺。2018 年，随着工业平台建设稳步推进，北汽大道跨杭瑞高速大桥、汽配园标准化厂房和市政配套设施加快建设，汽配园企业落户基本实现满园。2019 年 12 月，浮梁产业园获批省级产业园，产业园区首位产业定位新材料，主攻产业电子信息、金属制品和建筑卫生陶瓷。同时节能减排效果明显，2020 年，全县能源消费总量 44.86 万吨标准煤，比上年增长 7.8%；万元 GDP 能耗 0.4336 吨标准煤，下降 0.05%。

（五）特色旅游全域发力

2016 年，编制完成浮梁县"十三五"旅游专项规划和浯溪口库区旅游发展规划，开启了做大全域旅游的新篇章。全年接待游客 759.6 万人次，增长 15%；实现旅游总收入 59.7 亿元，增长 15%。2018 年，"国家全域旅游示范区"创建工作取得阶段性成果，荣获"全省旅游产业发展先进县"。2020 年，全年全县接待国内外游客人数达 902.9 万人次，比上年下降 22.2%；实现旅游总收入 60 亿元，下降 30.1%。而且景区层次不断提升，瑶里镇入选"全省旅游风情小镇"。江村乡被评为"全省生态旅游示范乡镇"。皇窑被评为国家 AAAA 级旅游景区。2018 年，天宝龙窑、蛟潭礼芳、江村严台成功创建 AAA 级景区。

（六）生态环境优势呈现

浮梁县空气质量良好，根据相关监测数据，2016~2020 年，空气质量均达到国家 Ⅱ 级标准。其中，2020 年，全县地表水水质达到 Ⅲ 类水标准，所有断面水质达标率为 100%。全县环境空气质量达到国家 Ⅱ 级标准。全年优良天数为 354 天，优良天数比例为 97%，比上年下降 0.8 个百分点。主要污染物中，PM2.5 浓度均值为 20 微克/立方米，比上年下降 16.7%；PM10 浓度均值为 41 微克/立方米，比上年下降 14.6%；二氧化硫浓度均值为 10 微克/立方米，二氧化氮浓度均值为 14 微克/立方米。城镇生活污水集中处理率 92.9%，城镇生活垃圾无害化处理率 96%，全年城区生活垃圾处理量 1.83 万吨，农村生活垃圾处理量 1.66 万吨。

（七）生态试点数量增加

2016~2020 年，浮梁县在生态文明建设领域收获累累：2016 年，新增国家级生态乡镇 1 个、省级生态村 7 个，鹅湖镇被评为"全省首批生态文明示范基地"，瑶里镇、勒功乡沧溪村、蛟潭镇礼芳村获得"中国美丽宜居镇（村庄）"称号，蛟潭镇礼芳村、胡宅村获第四批"中国传统村落"

称号。2017年，被纳入全省9个国家重点生态功能区之一，完成3个水生态文明乡镇、10个水生态文明村的申报工作。2018年，荣获"国家生态文明建设示范县"和江西省首批"绿水青山就是金山银山"实践创新基地，城门村、龙源村、龙潭村等8个村被评为中国传统村落，礼芳村、英溪村被评为中国历史文化名村。2019年，瑶里镇白石塔村、勒功乡沧溪村、鹅湖镇曹村村、兴田乡程家山村、鹅湖镇桃岭村、瑶里镇高岭村入选"国家森林乡村"。2020年，获授第四批国家"绿水青山就是金山银山"实践创新基地。

五、浮梁县生态文明建设的特色案例

浮梁县历届党委政府深刻践行"绿水青山就是金山银山"重要发展理念，坚定不移地实施"打造生态样板，建设旅游胜地，做美山水城市，努力把浮梁建成对话世界的后花园，成为全省县域经济绿色发展的样本"的战略，正确处理经济发展和生态环境保护的关系，实现了经济建设与环境建设同步推进，物质文明与生态文明同步提升。过程中有许多典型案例值得提炼和总结，下面从环境治理、产业生态转型、生态赋能、生态制度创新等方面分别选取特色案例进行详细分析。

（一）传统文化赋能案例：文化融合

以儒、释、道为主体的中华传统文化蕴含着丰富的人与自然和谐的生态文明思想以及绿色发展理念，为生态文明建设提供了思想基础，对生态文明建设有着重要作用。从中华传统文化中汲取生态文明建设的智慧，从生态文明建设中推进文化融合，对于建设美丽中国，实现中华民族永续发展具有重大意义。浮梁拥有丰富文化资源，近年来，以发展生态旅游产业为主线，着力将深厚的"瓷文化"、"茶文化"、"古文化"、"红色文化"、"生态文化"作为引领浮梁发展动力和源泉，并在发展中不断加强生态与文化的融合，激发新型特色文化，服务群众。

1. 亮点一：挖潜传统文化

以陶瓷文化为例，位于浮梁县瑶里镇高岭村的高岭景区，是古代景德镇制瓷业最重要的原料产地，也是国际通用黏土矿物学专用名字高岭土（KAOLN）的命名地。1965 年后，高岭山的高岭土矿经几百年开采后停产，只留下遗迹供人参观。近年来，浮梁县委县政府深入挖掘浮梁陶瓷文化的深厚内涵，充分结合浮梁的山水优势，在传承古陶瓷文化的基础上创新瓷文化，将高岭景区打造为陶瓷文化和自然生态相结合的景区。高岭景区现在为全国重点文物保护单位、首批国家矿山公园，其独特的陶瓷文化与优美的生态环境紧密结合，成为吸引大量游客的重要因素，形成了浮梁世界瓷都之源品牌的核心。浮梁县全力打造高岭景区，挖掘陶瓷文化。高岭景区古木参天，流水潺潺，风光旖旎，又有"小庐山"之称。高岭古采矿遗址则是高岭景区的核心。高岭古矿从宋代开始开采，在明代中期至清代中期开采最盛，持续至 20 世纪 60 年代。数百年大规模的高岭土开采，在高岭景区留下了大量的历史文化遗存和人文古迹，主要有明清两代采矿遗址、淘洗坑、水口亭、古街、古道等历史遗迹，尤其是高岭土淘洗后留下的白色尾砂堆积蔚为壮观，有"青山浮白雪"之誉，形成了反映当时采、选、运、销一条龙，体系完整的古矿址、古商埠、古村落三位一体的综合景观。此外，为积极做好高岭景区陶瓷文化保护利用，高岭景区先后成立了高岭国家矿山公园、博物馆，以促进陶瓷文化交流。同时引进专业人员深入挖掘陶瓷文化，研究高岭土的使用价值，在此基础上，创新产生了景德镇瓷业"二元配方"制胎法，极大地提高了景德镇瓷器的质量，开创了景德镇瓷业的新纪元，实现陶瓷文化的古今融合。依托陶瓷大学等高等院校的研发优势，发展高科技陶瓷、高档日用陶瓷，通过陶瓷产业的发展，提升浮梁世界瓷源之乡的知名度。

以古村文化为例，严台古村古称严溪，坐落在浮梁县江村乡最北端，紧邻安徽祁门渚口乡、闪里镇。严台古村历史悠久，起源于东汉光武年间，至今已有1900多年历史。村内有1000多年前的古老戏台，徽派古建民宅140余幢。严台村物华天宝，民国四年（1915年），该村江资甫"天祥"茶号经营的"浮红"茶，在美国旧金山举办的"巴拿马万国博览会"上荣获金奖。然而古村落早期由于没有得到系统的保护，老房子废弃、厕所无序乱建、白色垃圾和生活垃圾没有及时处理等现象，一度导致村庄环境"脏、乱、差"。为进一步加强古村落保护，2017年，严台按照"双创双修"的总体部署和工作要求，积极开展环境大整治以及保护并开发古村落等工作，加强森林植被等自然资源，提高居民尊重自然与和谐平衡的生存理念。现在严台古村已成为具备地方特色与文化、宜居宜游的旅游景点，吸引大批游客，带动居民收入增长，激活了传统村落发展潜力，实现了优美生态环境与传统古村落文化的融合发展。一方面，考虑到古村落房屋安全问题，当地在保留标语墙、祠堂与砖木结构式古建筑的基础上，对古村落整体进行"立面改造"，对村内建筑进行修缮，添瓦，将村内与整体风貌不协调的房屋进行了立面风格改造，在排除安全隐患的同时保护了村落的古文化。另一方面，依托古村丰富的自然资源优势，利用秀美"乡景"的条件，严台古村在保护当地特色历史人文资源与风格迥异的明清徽派古建筑时不断融入村庄特色"乡情"，打造集多彩的乡村民俗与富有特色的乡村劳作系统于一体的景区，创造"乡趣"体验模式。让游客在以民情风俗历史古迹和人文文化为主线的旅游观赏中体会到古建筑与历史的魅力，在采茶、锄地与蘑菇采摘等农事实践中体验农村生活的乐趣。在保护历史文脉与推动古村文化的同时，通过发展休闲旅游业的发展带动村民就业增收，实现经济社会可持续发展。

2. 亮点二：推动"绿、古、红"特色文化融合发展

瑶里镇位于江西省景德镇市东北部，距市区50千米，地处皖赣两省和祁门、休宁、婺源、浮梁四县交界处，瑶里镇面积200平方千米。自然风光秀丽，文化韵味浓厚，拥有丰富的生态旅游文化资源，有古镇明清建筑群、原始森林、南山瀑布、徽州古道、梅岭峡谷、绕南古陶瓷游览区等

近50处旅游景点。近年来，瑶里以发展生态旅游产业为主线，打造国家级休闲度假旅游名镇，着力将深厚的"生态文化、传统文化、红色文化、陶瓷文化、茶文化"作为引领瑶里发展的动力和源泉。文化旅游产业的发展有力地促进了瑶里经济社会发展，很好带动了群众的就业创业。瑶里旅游公司从当地聘请管理人员、景区酒店服务人员就达400多人，各类餐饮、住宿、购物、娱乐等农家乐200多家，相关从业人员近1000人。茶叶产业对当地就业也是相当可观，全镇从事茶叶销售、经营的人员达500多人次，全镇种植茶叶的农户达2000多户，产值近1亿元。具体做法如下：

（1）齐抓共管，彰显生态文化。瑶里镇自然资源丰富，拥有多达百余种珍稀保护的动植物，野生植物属国家一级重点保护野生植物的有南方红豆杉，野生动物属国家一级重点保护野生动物的有白颈长尾雉、黑麂等。为深入推进生态文明建设，该镇进一步落实保护发展森林资源目标管理责任制，构建"党政同责、划区管理、分组负责"的森林资源保护发展管理机制，牢固树立"多封山、重低改、强管理、精造林、活机制、降消耗、求效益"二十一字方针，扎实推进森林生态体系建设。2018年，瑶里镇全面推行"林长制"工作，实行三级林长负责制，构建责任明确、制度健全、奖惩分明的森林资源保护体系。以建设绿色生态屏障为宗旨，彰显瑶里生态环境绿色文化。

（2）融古创新，保留传统文化。古镇、古村落与红色文化是瑶里生态旅游的灵魂，也是地方特色文化的缩影。瑶里旅游景点近50处，大致分为自然风光、古代建筑和历史遗址三大类，涵盖陶瓷文化资源、红色文化资源、生态文化资源、宗教文化资源等方面。为保留传统文化，于2009年成立瑶里文化研究协会，专门负责地方文化发掘、提炼、保护和打造工作，积极做好传统特色文化的保护传承工作。作为经典红色景区的瑶里改编遗址，已经成为皖赣地区重要的爱国主义和党性教育基地，每年来此游览和感受红色教育洗礼的游客和群众达2万人次。为努力打造世界知名、国内著名的旅游景区，瑶里景区通过中央电视台、江西电视台、景德镇电视台，网络报纸等国内外高端媒体，扩大市场影响力，通过"旅游+文化"

的形式，积极把瑶里文化传播出去，带向世界。

（3）增收创效，发展瓷茶文化。在茶文化方面，瑶里依据特有的地理资源优势，找准产业布局，优化产业结构，在旅游引领下，重点抓名优茶产业发展，积极强化茶园的选育管理，提升制茶工艺，抓好市场培育建设，推动产业向做特、做精、做强发展，提升发展效益。瑶里镇已经成为浮东片的茶叶集散地，周边 10 多个乡镇的茶农和茶商都到瑶里进行茶叶交易。现有茶园 10560 亩，茶产量 120 余吨，年产值近 1 亿元，茶叶已是瑶里村民主要的增收致富渠道。在瓷文化方面，该镇积极做好高岭土、矿坑、窑址等古陶瓷文化遗址的保护利用，成立了高岭国家矿山公园、博物馆，围绕宋代龙窑，打造了绕南陶瓷主题景区。现已打造了瓷茶古村游览区、高岭国家矿山公园景区、绕南陶瓷主题景区等特色类景区，形成了瑶里瓷茶文化旅游产业完整的景区景点体系。此外，积极发展乡村休闲观光农业，相继打造了新屋下、南泊荷花观光园，双龙溪百亩葵花园。通过多方位的打造逐步形成了绿色生态旅游和陶瓷文化旅游两条精品旅游线路。

（4）传承发扬，丰富群众文化。在传承传统非物质文化遗产方面，瑶里的青狮白象灯被收入江西卷《中国民族民间舞蹈集成》一书，瑶里正在积极申报国家民间灯彩之乡。每年春节、元宵节都会举办舞龙灯活动，丰富群众文化娱乐生活。瑶里程家祠堂定期用地方方言传唱《瑶里摘茶籽歌》，表演地方戏曲。瑶河禁鱼已经成为一项民俗传承保留下来。在大力弘扬优秀传统文化的同时，把优秀质朴的传统文化作为推动地方发展的原动力。每年定期开展"三八"妇女节、"六一"儿童节、九九重阳节活动，弘扬中华民族尊老爱幼的传统美德。同时在旅游节庆活动中更多地融入传统文化元素，近三年先后举办了瑶里篝火晚会、帐篷节、茶文化旅游节、环鄱阳湖自行车大赛、萤火虫—放飞梦想等节庆活动，起到良好的社会效益和经济效益，既宣传了景区，也促进了传统文化的传承。

3. 亮点三：搭建企业文化创意平台

陶瓷文化创意产业集团由省级特色龙头企业东璟实业与佳洋陶瓷、皇窑陶瓷核心团队投资与运营，是一个集"仿古瓷和传统艺术瓷生产展示、陶瓷文化国际交流、陶瓷文化发掘研究、古陶瓷鉴定和陶瓷技艺人才培训、陶瓷文化特色旅游"为一体的集团。景德镇皇窑新经济陶瓷文化创意孵化器坚持以文化为灵魂、以产销为基础、以产业为支撑、以交流促传播、以旅游引人气、以示范带辐射。即通过陶瓷文化龙头企业树立传统陶瓷行业创新典范,弘扬中华民族文化,传承瓷都优秀陶瓷文化和传统手工制瓷技艺,让文化遗产活起来,同时以融古创新的方式开发生产具有民族风格、地方特色与时代气息的陶瓷文创产品。该陶瓷文化创意孵化器在经济方面带动 36 家企业入驻,形成产业集聚,在文化带动方面已经成功开办"古陶瓷鉴定高级研修班"30 期,学员范围涵盖英国、美国、韩国、日本等地,共计培养学员近千名。具体措施如下:

(1)搭建合作平台,提升陶瓷效益。搭建与清华大学、北京大学、景德镇陶瓷大学等高校合作平台,以陶瓷专家顾问为支撑,广泛举办各专题陶瓷文化学术研讨,让陶瓷企业从姊妹艺术、民间艺术中汲取营养。为入驻企业提供创业企业孵化服务、公共技术服务、网络信息等服务,组织国内外著名陶艺家创作、交流,融古创新,让手工业和后现代工业文明交相辉映,开发生产各种高档仿古瓷、创意礼品瓷、国际外销瓷,丰富传统瓷器品种,提升产品的艺术水平与规模效益。

(2)创新管理模式,拉动创业就业。在保护生态环境与传统文化的基础上,陶瓷文化创意产业集团通过创新"互联网+文化创意"管理模式,引入 VR 虚拟与现实系统,结合雕塑陶瓷和家装陶瓷三维实体设计展示系统,将游客带入到各个场景从而增加其消费欲望。融合"工艺美术、创意设计、非遗传承、文化旅游、研修交流、鉴定培训、电子商务"等多元业态渠道,发展文化创意新经济产业,组建管理委员会,完善各项管理制度。共建大学生创业孵化基地、实践教学基地,免费培训 400 余人,实现40%学员毕业后创业;同时落户陶瓷文化创意小微企业 36 家,通过创业辅导、技术指导、产品设计、人员培训,吸纳就业 620 余人。

(3)推进研修同步,实现综合效益。为推进陶瓷文化发展,孵化器融合了景德镇陶瓷大学、江西陶瓷工艺美院、中国轻工业陶瓷研究所、景德镇佳洋陶瓷有限公司、景德镇国际陶瓷文化交流中心、景德镇皇窑陶瓷艺术博物馆等知名高校、企业和社会组织等资源，通过建立产学研合作机制，协助研究景德镇古代陶瓷工艺、传承景德镇陶瓷文化及融古创新产品的开发。组织国内外著名书画家、陶艺家创作、交流，构建陶艺体验基地，从民间艺术中汲取营养，融古创新，提升产品的艺术水平与规模效益，让体验者感受到陶瓷艺术的魅力，实现品牌推广的同时也增加了旅游收益，弘扬了陶瓷文化。

4. 亮点四：文化创意产业撬动乡村振兴

进坑村隶属湘湖镇，地处丘陵地带，山林茂密葱郁，农田广阔纯净，古树、花草、茶园点缀其间，风景优美。近年来，进坑村以示范点建设为契机，依托优越的自然地理条件和厚重的陶瓷历史文化，高起点制定了村庄整体规划和产业规划，着力从基础设施建设、公共环境建设、公共服务配套、村域经济发展、社会管理创新等方面入手，突出打造以农耕文化为特色的田园风光和以宋代青白瓷制作为特色的陶瓷文化展示，培育以生态、特色种植业和古陶瓷文化展示为亮点的休闲观光产业。进坑村作为景德镇的主要窑址，通过推进村庄住房改造、调整用地安排、提高环境建设、建设生态产业，实现了乡村振兴与陶瓷文化创意的同步发展，最终呈现出一幅"风景秀丽、环境优美、和谐宜居"的画面。具体做法如下：

（1）保留宋瓷赏析，提供文化交流。近年来，一批年轻学子在进坑村创建"东郊学堂"，提出了"忙时种田，闲时考古"的文化创意，将历史文化遗产保护变成一种生产和生活方式，既很好地保护了宋代陶瓷文化遗存，又带动了魅力乡村建设。目前，进坑已被纳入景德镇申报世界文化遗产的范围，为加深宋瓷文化交流，当地在保留传统宋瓷文化与赏析的基础上，挖掘文化节点景区，加大宣传，借助茶文化旅游节、瓷博会等文化交流平台，用瓷器讲述中国故事，与世界对话。

（2）保护窑业遗存，开发文化游览。进坑村拥有五代、宋代窑址15处之多，加工瓷石的水碓遗址达16座，古瓷石矿坑遗迹7处，及6千米长的千年瓷石古道。今天的进坑，开发了"进坑村史馆—苍坞宋代窑址—国

101

山下宋代窑址—瓷石古道—瓷石加工水碓—'东郊学堂'宋代青白瓷艺术特展"为主线的宋代制瓷风情游览路线，呈现五代北宋窑业烧造中心小南河流域的核心地区完整的古陶瓷生产遗址廊道，再现制瓷从原料开采，到形成坯，再刻花、施釉，经过烧窑、彩绘，方成陶器的整个生产体系。以旅游的方式，在满足了进坑村改变发展的客观需要之后，使得进坑再一次摆脱以往的隔绝状态，进而走向世界。

（3）维持农村本色，打造文化基地。进坑村能保留时代发展的原貌，维持新农村本色，不生硬地凭空修建所谓古建筑，不刻意营造古村气氛，而是自然地加入设计元素，发展有机农业、休闲农业，采取亲切和善的方式，改变村民不良习惯，建设荷花灯景区、山林游步道、健身小广场，改善农村环境。以农耕文化为主题，融观光性、娱乐性、休闲性、科普性与体验性为一体，以进坑陶瓷文化区为重点，打造"景漂"创新创业基地，三次作为景德镇市国际陶瓷博览会分会场，以文化带动生产力，以产业带动遗产保护，让文化遗址形成自我造血功能。

（二）传统产业焕新案例：茶产业

拥有优越的地理位置、独特的气候条件和丰富的生态资源，浮梁茶历史悠久，在唐代名扬天下，出现了"浮梁歙州，万国来求"的盛况。但由于各种因素的影响，浮梁茶一度失去了市场知名度。近年来，浮梁县以转方式、调结构为主线，调整优化农产品结构、生产结构和区域结构，做大做强茶产业，培育具有浮梁特色的绿色型、高效型、品牌型"三型"现代茶产业，走出了一条茶业复兴，农户致富之路。

1. 亮点一：全过程做好有机好茶

江西浮梁贡茶叶有限公司成立于 2006 年，是一家集茶叶生产、加工、包装、进出口贸易和科技示范为一体的省级农业产业化企业。公司自有有机茶叶基地 3470 亩，其中连片面积 2370 亩，已全部通过 HACCP 食品安全体系认证和中国 CQC 有机认证。公司在生产经营中秉承绿色、安全、优质、健康的理念和宗旨，促进提质增效，做大做强的目标，延伸产业链的多元发展，先后获得"全国食品工业科技进步优秀企业"、"江西省农业龙头企业"、"江西十佳农业企业"等荣誉称号。2019 年，生产各种成品茶 748 吨，综合产值 4650 万元，销售收入 4270 万元，其中出口创汇 295 万美元，推动了当地茶产业的发展。具体做法如下：

（1）建设有机生态茶园。有机茶基地应远离城市、工业区和村庄，空气必须符合国家大气环境质量一级标准，灌溉用水的水质必须符合国家地面水环境质量Ⅰ类标准，土壤中重金属含量必须低于国家有机茶加工技术规定标准。浮梁贡有机茶基地坐落在浮梁县江村乡沽演村，沽演村地处浮梁县北部山区，境内群山怀抱、峰峦叠嶂、溪涧纵横、林木茂盛，森林覆盖率达 85% 以上。茶园坐落在海拔 400~600 米的丘陵山区，属于亚热带季风湿润气候，土地肥沃、雨量充沛、日照充足、四季分明、生态环境优良，且远离城市和工业区，没有污染源，空气清新、水质纯净。浮梁贡整个茶园基地被国家环境保护部列为国家有机食品生产基地，并成为环境保护部有机食品发展中心有机茶生产生态保护野外长期观测站。

（2）发展有机生产技术。在施肥方面，禁止施用人工化学合成的各种化肥、生长素、多功能叶面营养液等，允许施用经过无害化处理、用纯生物技术生产的有机液肥、菌肥、有机茶专用肥和一些天然矿物、天然腐殖酸盐类。在防治病虫害方面，及时观察病虫发生情况和耕作除草，利用天敌和生物农药防治病虫害，严禁使用化学农药，并采取人工方法摘除病枝、病叶，或用灯光诱捕。在采收方面，根据生产有机茶的类型按技术标准采摘，使用手工采茶和机械采茶，机采时采茶机使用无铅汽油，防止汽油、机油污染茶园。在加工方面，有机茶加工严格执行国家食品卫生法和食品加工标准，采用物理方法和自然发酵，禁止使用化学处理方法，不使用任何人工合成的食品添加剂、维生素和其他添加物。

（3）加强有机管理能力。在土壤管理方面，在雨季来临前和秋冬季施基肥后用无污染的秸秆、山青等覆盖土壤，减少水、土、肥流失，夏天保水防旱，冬天保温防冻；提倡利用生物改善土壤结构，提高土壤肥力，严禁使用化学类除草剂、增效剂和土壤改良剂。在储运管理方面，严格按照国家食品卫生法的要求选择有机茶产品的标签和包装材料，所有的包装材料是无污染的食品级包装材料；严格按有机茶产品要求的条件进行储运，严防霉变和有害生物、有害物质经储运环节混入茶产品。在产品质量管理方面，全程实施质量安全管理，加强质量安全检测，统一建立生产档案和质量追溯制度，推行产品质量标识管理。

2. 亮点二：合作社发挥重要作用

合作社以市场为导向，以社员为依托，实行资金运作靠合作社、产品营销靠市场、货源组织靠社员的运作机制。合作社与茶农之间，实行严格的分工，合作社负责技术指导、原材料加工、产品包装、商品销售，合作社成员必须遵守合作社章程和一切规章制度，并能积极地配合合作社所做出的各项技术指导、要求和服务，负责茶园管护和茶叶生产、采摘。通过各司其职的分工合作，合作社与茶农优势互补，使茶叶生产的成本大大降低、茶叶质量明显提高、生产规模不断扩大。不仅使合作社、社员从中获得利益，而且大大推动地方经济的发展。

以浮梁县进来茶叶专业合作社为例，该合作社注册成立于2009年10月，以茶叶生产、加工和销售为主导产业，现已经成长为市级龙头企业，产品通过了"无公害"商品认证。合作社以"做大茶叶产业，搞活市场流通，维护社员利益，实现共同富裕"为宗旨，在技术、资金、信息、生产、加工、销售等方面实行互助合作，在管理和运营上实行"五统一"，即统一技术培训、统一农资供应、统一技术指导、统一收购加工、统一包装销售。每年都要举办2~3期茶叶生产、加工技能培训班，组织社员和帮扶对象学技术、强技能，既提升了他们种茶制茶的本领，又增强了他们兴产业、刨穷根的信心和决心，激发了致富的内生动力。而且合作社委员会为提升茶叶种植基地档次，加强茶叶标准化规范化基地建设，与界田村科学划定在良溪河岸50米之内开展了"鱼—鸡—羊—茶叶"的生态循环模式，提高畜禽排泄物综合利用率。同时，严格按照企业和示范主体制定茶叶生产与产地加工标准，减少茶叶生产中农药、化肥、生长调节剂使用，规范生产加工流程，保证茶叶品质质量，开展绿色品牌基地认定，进来茶叶合作社已申请认定省级标准化种植示范基地。

以合源茶叶专业合作社为例，该合作社成立于2010年6月，坐落于风景秀丽、气候宜人、生态良好的浮梁县西湖乡合源村。合作社经营茶叶种植、茶叶生产资料的购置及茶叶生产经营有关的技术信息服务，采用生产、加工、销售为一体经营模式，发展茶文化、茶产业，以茶带动经济。合作社以"合作社+社员"为经营模式，以服务于成员，谋求全体成员的共同利益为宗旨，摸索新型转变壮大规划，形成以茶带动经济、以茶带动旅游产业、以茶带动扶贫的产业化运作合作社。在农民自愿的基础上，组建茶叶专业合作社，组织起来进行产品统一标准、统一生产管理、统一品牌、统一包装、统一销售，整合现有资源，使分散性的资源向集约性的资源转化，发挥规模效应，产生规模效益，使生产的茶叶在市场竞争中占据有利地位。合源村共245户，其中117户注册在内，如今215户成为合作社社员。合作社生产规模不断扩大，现主体有野生高山茶园4750亩，开发新型高山科学化管理茶园1300亩。年产值不断提高，从年产量600千克提高到4500千克以上。合源茶叶专业合作社带动了浮梁茶叶品牌、品质的提升，为增加农民收入、扎实推进新农村建设发挥重要作用。

3. 亮点三：打造区域品牌

浮梁属茶界公认的茶叶生产的金三角核心区域，历来就称"瓷之源，茶之乡"。浮梁茶自公元863年前就已广为称谓，承传千年。1915年，浮梁"天祥"茶号所产工夫红茶在第一届巴拿马万国博览会荣获金奖。浮梁推进品牌建设重塑浮梁茶昔日辉煌，以"浮梁茶"为区域统一品牌，以宣传推介为抓手提升知名度，以有机茶基地建设和三品一标认证提升产业品质，夯实品牌发展基础。如今，浮梁茶已获"江西省著名商标"、"江西名牌农产品"、"江西省品牌100强""首批入驻中国茶业品牌馆品牌"等荣誉，经CARD中心的全国茶叶区域公用品牌评估体系，2019年，浮梁茶品牌评估价值23.76亿元，列全国107个区域公共品牌第27位，列江西"四绿一红"第2位。浮梁茶连续两年被评为"最具品牌资源力的三大品牌"，是江西唯一上榜品牌。浮梁古树茶茶样被中国茶叶博物馆收藏。浮

梁县连续两年被中国茶叶流通协会授予"中国茶业百强县",并获"2019中国茶旅融合十强示范县"荣誉称号。具体做法如下:

(1) 整合品牌资源,推进品牌升级。浮梁绿茶以"浮梁茶"地方证明商标为主品牌,红茶以"浮梁茶—红茶"为主品牌。2007 年,一个以"浮梁茶"区域公用品牌和著名商标为主品牌,附着企业产品商标双轨运行的品牌建设战役在浮梁全面打响。浮梁县出台了《浮梁茶地方标准》,严控准入机制,仅对符合该标准的茶产品和企业统一授权使用"浮梁茶"品牌,并纳入政府扶持和整体品牌推广对象,浮梁茶元素在企业、合作社的广告、包装、宣传推介、茶事活动等各方面都在广泛使用。目前有 100 多家企业、合作社经授权使用浮梁茶区域公用品牌。

(2) 广泛宣传推介,打造知名品牌。一是借助各类媒体宣传,树立"浮梁茶"品牌形象。持续在江西卫视、景德镇市台、浮梁台三级联动配合江西"四绿一红"央视浮梁茶形象宣传;在《茶世界》、《中国茶叶市场》、《江西农业》等重点专业杂志上与企业品牌联动宣传;在江西省内高速、交通要道及景点进行户外广告宣传。二是积极参与茶事活动,宣扬浮梁茶品牌文化。与中国茶叶流通协会、中国茶叶学会、中国茶叶博物馆、中国茶业品牌馆等高端平台合作进行宣传推介浮梁茶;按照江西省农业厅的整体安排,采取企业自愿报名的方式,每年组织了融入了江西省厅组织的全国 10 多场次在上海、南昌、北京、济南、西安、广州、太原、呼和浩特、大连、深圳等城市的茶事活动;在浮梁举办"景德镇·浮梁茶文化旅游节"等全国性的茶事活动。

(3) 提升茶叶品质,夯实品牌基础。一是以瑶里、西湖、江村、庄湾、经公桥、勒功、鹅湖、兴田等地为重点,推进茶叶标准化生产,建设了一批规模化、标准化绿色有机茶基地。二是通过土地、资金入股的方式,实施"企业+农户"的经营模式,将山林及茶园划归公司统一经营管理,将原本散乱小的山水田进行无公害有机茶园开发、低产茶园改造及园田化改造,大量种植有机茶。三是持续推动农业经营主体开展"三品一标"认证,挖掘、培育和发展独具浮梁县地域特色的传统优势茶叶品牌,保护了浮梁独特的产地环境，从源头上保障农产品质量安全，切实提高龙头企业的科技创新、生产加工、市场开拓和带动辐射能力。

（三）清新环境建设案例：空气保卫战

当前，大气污染防治制度尚不健全，公民对于大气保护意识还很薄弱，有毒有害的工业废气、烟气、粉尘等大气污染物未经处理直接排入大气中，大气污染问题严重。防范空气污染，提高空气质量，是浮梁县生态文明建设的必然要求，是打赢蓝天保卫战，将浮梁县"蓝天梦想"照进现实的必然选择。浮梁县持续加强大气污染治理和保护工作，在防范空气污染和提高空气质量方面制定了有效的行动规划。

1. 亮点一：三龙产业园废气处置

三龙产业园位于浮梁县三龙镇，基地总规划用地8000余亩，总投资40余亿元，主要承载大型建筑陶瓷企业及与之相配套的规模企业，基地于2007年5月正式启动，现已落户投产企业12家，其中规模以上企业7家，包括乐华、金意陶、汉索夫、汉景达、狄芬妮5家建陶企业。陶瓷行业是一个高能耗行业，高能耗带来高污染，在陶瓷生产过程中会产生大量的高温烟气粉尘，这些废气排放会给环境造成严重的污染，给工人和附近居民身体健康带来极大的危害。浮梁县非常重视三龙工业基地废气处理，针对基地的废气排放进行改造，水污染、土地污染、大气污染明显减少，基地空气质量明显提升，工人和居民身体健康得到有效保障，此外降低了企业环保后续维护成本，有利于企业和当地长远发展。具体做法如下：

（1）布袋除尘，烟尘分离。针对在项目车床加工过程产生的粉尘污染物，陶瓷企业在车床加工中采用布袋除尘方式，在车间安装了布袋除尘器，这是一种干式除尘装置，它适用于捕集细小、干燥非纤维性粉尘。布袋除尘器的滤袋由纺织的滤布或非纺织的毡制成，利用纤维织物的过滤作用对含尘气体进行过滤，当含尘气体进入布袋除尘器，颗粒大、比重大的粉尘，由于重力的作用沉降下来，落入灰斗，含有较细小粉尘的气体在通过滤料时，粉尘被阻留，使气体得到净化。布袋除尘器的粉尘处理效率在

99%以上，处理后的废气通过 15 米高的排气筒外排，除尘收集的粉尘统一外售处理。

（2）脱硫处理，达标排放。针对陶瓷在烧制过程中产生的二氧化硫和各种氮氧化物等有害烟气，采用湿式旋流板塔进行脱硫除尘处理。经过脱硫处理，废气中的烟尘和二氧化硫浓度可满足《工业窑炉大气污染物排放标准》（GB 9078-1996）二级标准，氮氧化物浓度满足《大气污染物综合排放标准》（GB 16297-1996）二级标准，处理后的废气经 15 米的排气筒外排，处理产生的沉淀污泥运至填埋场填埋处理。目前，三龙工业基地有 5 家建陶企业摒弃了以前不经处理、直接排放废气到大气中的做法，按照环保要求，自行建造了脱硫塔，利用脱硫塔对废气进行无害化处理，确保达标后排放。

（3）改煤为气，减少排放。《景德镇市大气污染防治行动计划实施方案》提出支持陶瓷园区企业的燃煤设施改用天然气，到 2017 年，基本完成燃煤锅炉、窑炉的天然气替代改造任务。三龙工业基地积极响应"煤改气"号召，鼓励园区企业使用天然气作为能源。乐华和金意陶两家建陶企业将原来以煤为能源的生产线进行清洁能源改造，使用天然气进行陶瓷生产，极大减少了生产过程中污染物的产生。"煤改气"后，乐华陶瓷排放的氮氧化物下降超 30%，二氧化硫下降超 50%。

2. 亮点二：陶瓷企业"煤改气"

陶瓷产业是浮梁一大特色产业，在浮梁县经济发展中扮演着重要角色，但是在陶瓷产业快速发展的同时，陶瓷生产所具有的资源消耗大、能源消耗高、环境污染大的属性已成为制约陶瓷产业进一步发展的主要障碍。各种窑炉烧成设备在生产中产生的高温烟气，对浮梁空气环境产生严重负面影响，这些烟气中含有一氧化碳、二氧化硫、一氧化氮、氟化物和烟尘等，而且排放量大，排放点多。为了改善陶瓷生产污染严重这一情况，需要对陶瓷行业的能源与燃料结构进行调整、对陶瓷工业热工设备更新换代，以高效、清洁、环保的气体燃料取代低效、污染严重的固体燃料。改造耗能高、污染重的陶瓷燃煤窑炉，以先进、节能的燃气窑炉取代落后、耗能大的燃煤窑炉。浮梁结合天然气建设工程，科学合理划定了县城禁煤区，推动县内企业"煤改气"工程。具体做法如下：

（1）"川气东输"管道建设，奠定改造基础。2008 年 5 月，作为景德镇市政府重点工程的景德镇市天然气管网开工仪式在浮梁县洪源镇隆重举行，标志着"川气东输"、景德镇市天然气利用工程正式启动。该项目共设计铺设燃气管线 68.32 千米，2008 年完成管网、门站工程建设投资 5700 万元，2009 年完成管网、门站工程以及其他配套项目投资 2 亿元。天然气管网的建设完成，使景德镇市迎来天然气应用时代。浮梁县陶瓷工业园境内有热值高、清洁干净又环保的液化天然气，"川气东输"管道天然气工程也已铺达，这对降低企业的生产成本具有十分重要的意义。金意陶和乐华与华润天然气公司签订供气协议，两家陶瓷企业投资铺设了一条专用燃气管道接驳到公司内。

（2）"三个改变"技术改造，实现清洁生产。"三个改变"即改变燃料结构、改变窑炉结构、改变烧成方式。通过窑炉的更新换代，将老旧窑炉改为先进窑炉，采用洁净的液化气替代煤作为燃料，将原匣装隔焰改为无匣裸烧方式，并将窑炉的余热充分利用作为半成品干燥的热源。同时淘汰落后的生产工艺、技术和设备，达到节能减排的目的。金意陶和乐华根据设计好的技术改造方案，对原使用的五套两段式水煤气发生炉和窑炉烧成系统等装置进行改造，将先进的天然气环保节能型窑炉替换掉落后的煤气发生炉型窑炉，进行施工和安装，完成"煤改气"改造工程。"煤改气"前，乐华烧煤成本每年在 400 万~500 万元；"煤改气"后，2011 年金意陶天然气用量到 3150 万立方米，乐华为 2221 万立方米，成本增加 300 万~400 万元，但是产品质量、产品档次和成品率提高，污染排放也大幅减少。

3. 亮点三：秸秆综合利用

朱溪村是浮梁县寿安镇的一个行政村，主要农作物包括水稻、油菜、玉米、薯类等，这些农作物在收获后会留下大量的秸秆。在过去，农民通常会把秸秆焚烧在田地里，焚烧秸秆时，大气中二氧化硫、二氧化氮、可吸入颗粒物三项污染指数达到高峰值，既严重污染空气，又危害人体健康。同时，秸秆焚烧极易引燃周围的易燃物，危害生命财产安全。此外，焚烧秸秆也使地面温度急剧升高，破坏了土地生物系统的平衡和物理性状，破坏土壤结构，造成农田质量下降。目前，朱溪村将这些秸秆综合利用，变废为宝，综合利用率在95%以上。通过机械还田、堆沤还田等形式利用秸秆，能够有效地改良土壤，提高地力，降低生产成本，提高农产品质量，有利于发展绿色农业；通过青贮、微贮和压块加工，把秸秆转化为优质饲料，有利于促进畜牧业发展；通过沼气和汽化转化秸秆，有利于推进农村新能源建设。而且，抑制秸秆焚烧可以有效控制污染，优化环境，保障社会经济生活的有序进行。具体做法如下：

（1）加大宣传力度，增强综合利用意识。一是在水稻收割前期，浮梁县农业局通过出动宣传车进村入组进行宣传，通过发放宣传资料、张贴宣传标语的方式，宣传秸秆综合利用知识，增强农户节能环保意识；二是通过广播、电视、报纸、网络、微信等媒体，大力宣传秸秆综合利用的重要意义；三是下乡组织种粮大户、种粮专业合作社人员进行秸秆综合利用培训。

（2）加大查禁力度，落实综合利用责任。浮梁以卫星遥感为抓手，及时公开通报秸秆露天焚烧事件。浮梁县政府依法划定禁止露天焚烧秸秆的区域，并向社会公布，建立健全从县、到乡镇、到村组的分层监管责任体系，切实将禁烧工作责任落实到村、落实到田头地块、落实到生产主体。对于控制秸秆露天焚烧不力的地区，采取警告、约谈等方式，督促其落实露天禁烧措施。在容易发生秸秆露天焚烧的季节，环保部门和地方政府组织开展巡查，发现露天焚烧秸秆现象，依法予以制止。根据"谁污染谁治理"的原则，从事农作物种植的农户、专业合作社、企业承担秸秆禁烧的主体责任。建立举报激励机制，支持和保护村民举报秸秆露天焚烧行为。

（3）加强技术指导，提高综合利用效果。针对双抢农忙季节，浮梁县农业农村局组织技术人员下乡进行指导，一是指导农户推广农作物秸秆综合利用技术，促进秸秆肥料化、饲料化、能源化、原料化回收利用；二是指导秸秆机械化还田技术、秸秆还田腐熟技术、秸秆沼气生产技术等；三是指导秸秆综合利用新技术、新方法的示范与推广，逐步形成以秸秆直接还田为主，多途径秸秆综合利用格局，提高秸秆利用率，变废为宝，从根本上杜绝秸秆焚烧现象。

（四）生态价值实现案例："两山"转化

绿水青山和金山银山决不是矛盾的，而是对立统一的。绿水青山可以源源不断地带来金山银山，绿水青山本身就是金山银山。良好生态环境是人和社会持续发展的根本基础，蓝天白云、青山绿水是长远发展的最大本钱。浮梁通过创新机制制定"两山"转化的相关制度，以及强化人才、技术、金融支撑，为"两山"的顺利转化提供了有力的保障，让绿水青山的生态优势顺利转化成经济优势，促进因地制宜发展产业，切实做到经济效益、社会效益、生态效益同步提升，实现百姓富、生态美的有机统一。

1. 亮点一：实施流域横向生态补偿

昌江由北向南贯穿江西省景德镇的全境，是流经安徽、江西两省的一条河流，昌江流域的生态环境与浮梁县境内的生态环境和居民饮水安全问题息息相关。为保护和改善昌江流域生态环境，保障饮用水源安全，在景德镇市财政、市生态环境部门的指导下，浮梁县人民政府与珠山区人民政府签订了流域上下游横向生态保护补偿协议。按照早建早补、早建多补，两县（区）本着"保护优先、合理补偿、共建共享、互利共赢"的原则，以流域跨县区界断面水质考核为依据，建立昌江流域上下游浮梁县、珠山区两县（区）横向水环境补偿机制，实现对上游主体进行奖补，加强联防联控和流域共治，形成流域保护和治理的长效机制，确保水环境质量稳定和持续改善。但是实施过程中要注意以下三个问题：

（1）要规定考核标准。协议规定以昌江流域的浮梁县洋湖断面（浮梁县—珠山区）作为考核监测断面，考核指标为《地表水环境质量标准》（GB 3838-2002）中化学需氧量、氨氮、总磷、五日生化需氧量四项，以景德镇市环境监测站每月例行监测上报国家发布的数据为准作为考核指标，按年进行考核并与该断面年度考核目标Ⅲ类相比。监测期间如遇不可抗力等其他因素导致水质异常波动时，由浮梁县、珠山区两县（区）会商研究水质监测具体事宜。当两县（区）对监测数据存在争议时，由市环境监测中心组织仲裁，并以仲裁结果为准。

（2）要明确资金安排。一是明确资金来源，根据《江西省建立省内流域上下游横向生态保护补偿机制实施方案》的通知精神，签订了流域上下游横向生态保护补偿协议，建立了横向生态保护补偿机制的上游主体，享受省级补偿资金；由浮梁县人民政府和珠山区人民政府共同设立昌江流域上下游横向生态补偿资金，并积极争取中央、省财政资金支持。二是明确资金分配，原则上以货币补偿为先，在实施期内补偿标准为每年不低于100万元；两县（区）人民政府按年度共同开展对横向生态保护补偿工作绩效评价，绩效评价结果作为补偿奖补资金分配的重要依据。

（3）要规范资金使用。在补偿资金使用方面，两县（区）共同加强补偿资金使用监管，严格按照《水污染防治专项资金管理办法》规定的使用范围，用于昌江流域水污染防治、良好水体生态保护、饮用水源地生态保护、地下水环境及污染修复和其他需要支持的事项等方面，充分发挥资金使用效益。补偿资金实行专账管理，杜绝任何形式的截留、挤占和挪用，做到专款专用。同时，制定配套的资金管理办法，加强全过程监督管理，建立报备制、财务公示制、审计制等相关制度，制定完善的管理考核细则，定期评估资金使用绩效。

2. 亮点二：编制自然资源资产负债表

2018年，江西省人民政府印发了《江西省自然资源资产负债表编制制度试行》，为贯彻落实省委、省政府的决策部署，浮梁县结合本县实际，启动了浮梁县自然资源资产负债表编制工作。通过编制自然资源资产负债表，推动建立健全科学规范的自然资源统计调查制度，努力摸清自然资源资产的家底及其变动情况，为推进浮梁县生态文明建设，有效保护和永续利用自然资源提供信息基础、监测预警和决策支持。构建体现浮梁县情和地方特色的生态文明建设进程评价考核指标体系，对于推进生态文明建设体制机制创新，推动和引导浮梁科学发展、绿色发展，打造美丽江西的"浮梁样板"具有重要现实意义。具体做法如下：

（1）坚持统筹考虑，突出核算重点。将自然资源资产负债表编制纳入生态文明制度体系，与资源环境生态红线管控、自然资源资产产权和用途管制、领导干部自然资源资产离任审计、生态环境损害责任追究等重大制度相衔接，按照生态系统的自然规律和有机联系，统筹制定主要自然资源的资产负债核算方法。根据自然资源保护和管控的现实需要，从生态文明建设要求和人民群众期盼出发，优先核算具有重要生态功能的土地、林木和水三种主要自然资源，并在实践中不断完善核算体系。

（2）注重质量指标，确保真实准确。编制自然资源资产负债表既要反映自然资源规模的变化，又要反映自然资源的质量状况。通过质量指标和数量指标的结合，更加全面系统地反映自然资源的变化及其对生态环境的影响。建立健全自然资源统计监测指标体系，充分运用现代科技手段和法治方式提高统计监测能力和统计数据质量，确保基础数据和自然资源资产负债表各项数据真实准确，编制自然资源资产负债表，不涉及自然资源的权属关系和管理关系。

（3）借鉴先进经验，按照标准执行。立足浮梁生态文明建设需要、自然资源禀赋和统计监测基础，参照联合国等国际组织制定的《环境经济核算体系2012》等国际标准，借鉴全国探索编制自然资源资产负债表的先进经验，通过探索创新，构建科学、规范、管用的自然资源资产负债表编制制度。编制自然资源资产负债表所使用的分类，原则上采用国家标准，尚未制定国家标准的，可暂采用行业标准。编制自然资源资产负债表所涉及指标的含义、包含范围和计算方法，按照省相关部门制定的标准执行。

第六章
资源枯竭区域生态文明建设经验：
以萍乡市湘东区为例

　　资源枯竭区域早期发展是以本地区矿产、森林等自然资源开采、加工为主导产业，成为基础能源或重要原材料的供应地，最终因为资源的枯竭或者政策的约束，导致城市陷入经济发展失衡、生态环境恶化、就业问题突出等困境。资源枯竭区域从发展过程来看，为经济社会发展做出了重大的贡献，但是目前面临发展存续的瓶颈。资源枯竭区域的经济转型是个世界性难题，我国高度重视资源枯竭区域的生产现状和转型升级，生态文明建设恰逢其时成为资源枯竭型区域转型升级的重要着力点，为其提供了可持续发展的理论支撑和绿色转型的路径指导。

　　全国范围内资源枯竭区域生态文明建设尽管压力重重、约束众多，但是整体来看亮点纷呈、成效颇丰。取得较好建设成果的如福建的"龙岩模式"、河南的"濮阳模式"、贵州的"铜仁模式"等。这类区域在建设生态文明过程中，最为重要的是培育壮大接续替代产业，从资源枯竭型产业转向绿色低碳循环型生态产业。此外要做好生态环境的治理与保护，从传统的从生态资源中榨取转向发展中保护生态环境。不断加大力度推进生态经济体系的重构、生态环境体系的治理、生态文化体系的建设和生态制度体系的形成。

　　萍乡市湘东区作为资源枯竭型的老工矿城市，长期以来以发展钢铁、水泥、陶瓷、煤炭等传统产业为地方经济支柱。面临资源枯竭、环保压力大等诸多严峻形势，按照萍乡市委"年年有变化，三年大变样，五年新跨越"的总体要求，紧紧围绕湘东区委"实施'五大战略'，建设赣西新门户，让湘东人民过得更好"的目标思路，以改善民生为中心、以绿色发展为遵循、以多元产业为支撑、以长效机制为保障、以统筹规划为引领，在准确把握新历史方位和矛盾变化的基础上，全面推动走高质量转型发展之路，把绿水青山变成金山银山。

一、湘东区的基本情况

湘东区隶属江西省萍乡市，地处赣湘边界，素有"赣西门户"、"吴楚通衢"之称。湘东区文化底蕴深厚，有"民间绘画之乡"、"铜管乐之乡"、"花锣鼓之乡"、"傩文化之乡"的美誉。境内有碧湖潭国家森林公园，有红豆杉、檀树、银杏等珍贵树木，有煤炭、石灰石、铁矿、黏土矿等储量多品质高的矿产资源。截至 2020 年末，全区面积 858.76 平方千米，辖 8 镇 2 乡 1 街，156 个行政村（居委会），总人口 42 万。2018 年 10 月，获得全国农村一二三产业融合发展先导区；2019 年 12 月 31 日，湘东区入选全国农村创新创业典型县；2020 年 3 月，获得全国村庄清洁行动先进县称号，被中央农办、农业农村部予以通报表扬。

（一）矿产和土地资源较丰厚

矿产资源储藏量丰厚，但空间分布不均。湘东区已探明的主要有煤、铁、金、银、锰、铜、锌、硅、石灰石、高岭土等 24 种矿产资源，其中煤炭储量 8.5 亿吨，是江南最大的煤炭生产基地，主要分布在巨源、乌岗、浏市、黄堂、上官岭、麻山、冷潭湾、大屏山等地，属紫家冲煤组，基本为亮煤与暗煤，本区灯芯桥、荷尧煤质多为无烟煤，属乐平煤系。石灰石储藏量约 23 亿吨，全区 70％乡镇均分布，厚度数 10 米至 200 米，最大达到 500 余米。高岭土储藏量 5000 万吨以上，主要分布在麻山北冲、东桥边山田朗店、广寒枫木坑一带及湘东周边地区。硅石（石英砂）和粉石英储藏量在 3000 万吨以上，分布在大江、荷塘、佛岭，符合二级品要求。麻山、腊市、巨源等地还有颗粒微细的粉石英。

土地资源丰富，且土地效益不断提高。湘东区土地面积 853.4 平方千米，折合 128 万亩，实有土地总面积 129.3 万亩，按地形分类，低山区面积、丘陵面积和河谷平原面积分别占全区总面积的 5.16％、49.75％和 5.16％。全区可利用土地总面积 1288145 亩，按利用情况分类：耕地面积 197618 亩，占总面积的 15.28％；园地面积 11138 亩，占总面积的 0.89％；林地面积 821385 亩，占总面积的 63.53％；牧草地（人工草地）3 亩；村庄用地面积 121104 亩，占总面积的 9.37％；交通用地面积 57539 亩，占总面积的 4.45％；水域面积 35700 亩，占总面积的 2.76％；未利用土地 433585 亩，占总面积的 3.38％；不可利用土地面积 4855 亩，占总面积的 0.38％。

（二）经济发展基础不断夯实

2020 年，实现地区生产总值（GDP）1277248 万元，比上年增长 4.2％，"十三五"期间年均增长 7.4％。其中，第一产业增加值 174726 万元，增长 1.9％；第二产业增加值 472336 万元，增长 5.7％；第三产业增加值 630186 万元，增长 3.6％。三次产业结构调整为 13.7∶37.0∶49.3，对经济增长的贡献率分别为 7.9％、56.2％和 35.9％。全年财政总收入 223653 万元，比上年增长 4.7％，全年税收收入 181395 万元，增长 3.9％，税收收入占财政总收入的比重达 81.1％。全年公共财政预算支出 494260 万元，比上年增长 13.0％。居民人均可支配收入 32548 元，比上年增长 5.8％。其中，城镇居民人均可支配收入 40578 元，比上年增长 4.9％；农村居民人均可支配收入 21219 元，比上年增长 7.4％。城乡居民收入比 1.91∶1，比 2019 年减少 0.05。

（三）生态环境明显优化

湘东治气、治水、治土工作扎实推进，污染防治成效显著，2019 年首次获评全省生态环境工作目标考核先进。在空气质量方面，为进一步打好蓝天保卫战，重点抓好城区扬尘治理、城区餐饮油烟治理、工业废气治理、柴油货车污染治理、农作物秸秆禁烧与综合利用等各专项工作。在水环境质量方面，2020 年主要河流监测断面水质达标率 100%。城镇地表水集中式饮用水源地水质达标率 100%，地表水均值达到或好于Ⅲ类水体比例达 100%。在土地污染防控质量方面，积极推广测土配方施肥、推广高效低用量新农药取代低效高用量老农药、绿色防控统防统治、提高农药利用率、推广新型植保等农业机械等多方面减少农药、化肥、农膜使用量。大气环境方面，PM2.5 年均浓度降低至 41 微克/立方米，年均浓度下降幅度列全市第一，2020 年全年空气优良率 97.2%，比上年提高 9.7 个百分点。

（四）城乡品质持续提升

湘东区的城市提质迈开大步。"一老两新"城区建设快速推进。老城区改造提升步伐加快，2019 年，投入 2 亿元打通滨河东路、云程南路等城区干道，建成云程公园二期，高标准建设了一批公共停车场、绿地小游园、健身小广场等配套设施；还投入 6000 万元开展老城区建筑风貌治理，让老城区旧貌换新颜。拓展城市发展空间，滨河新区建设拉开框架，龙舟公园、云程实验学校等项目建成投入使用，区中医院、区文体中心、区体育馆、商业酒店等配套项目正抓紧建设。同时城乡环境不断改善。持续开展"干净湘东"升级行动，全面推行湘东区农村生活垃圾专项治理市场化，实现了全区城乡环卫市场化全覆盖。2019 年，获评国家村庄清洁行动先进县区；被列为全省人居环境整治试点县区和全省美丽宜居试点县区，是全市唯一双试点县区。

二、湘东区生态文明建设面临的困境

湘东区在绿色转型升级过程中存在诸多的掣肘和难题，出现"存量盘活难、增量提升少、经济提质慢"等局面，其中存量盘活难主要是指对资源型产业等旧动能的调整困难，增量提升少主要是扩大新业态和新模式等新经济的比重困难。

（一）经济发展与环境保护矛盾突出

资源型城市本身就是依托自然资源优势而发展起来的城市，随着资源日渐枯竭，湘东一度经济严重衰退、生态环境恶化、贫困人口增多、社保需求加大、人口持续外流等问题接踵而至。而且由于过度开发和粗放式利用造成的地表塌陷沉降，土地资源、水资源和大气环境污染，植被破坏等一系列自然生态问题，仍然是制约枯竭型城市转型发展的严重障碍。湘东区环境问题长期难以改善的根本原因在于产业结构对固有资源形成路径依赖。长期以来，湘东区以发展钢铁、水泥、陶瓷、煤炭等传统产业为地方经济支柱，经济总量占湘东区工业经济总量一度高达六成以上。

（二）传统产业提档升级障碍重重

由于历史和产业基础等因素，资源型城市发展更易形成对资源产品开发的路径依赖。由于资源禀赋的优越和资源开发初、中期所带来的丰厚利润，湘东区作为资源型城市普遍锁定了以矿产开采和初加工为主的产业结构，产业链条过短，专业性分工很强，城镇从业人员中的绝大多数从事资源开采业、资源加工业和其他相关产业，因此产业锁定效应明显。后来，先天优势转变为劣势的态势突出，经过一段时期的开发后，特别是在开发后期，资源开采成本增大，由于产业链条过短，而且路径依赖严重，加之资产的专用性较强，容易陷入"矿竭城衰"的不利局面。另外，自然资源的相对易获得性、低成本和高利润特征，也使其对有一定难度但具有较大市场规模和较大发展潜力的大项目和好项目产业发展产生相对挤出效应。

（三）资金要素集聚与流动动力缺乏

由于我国在矿业收益分配以及相关制度建设等方面的不健全，资源价格高涨期，巨大的资源收益更多地被通过税收抽走的中央上级政府、民营资源承包业主，以及相关监管和审批部门的利益相关人获取，而不是被资源所在地基层地方政府或普通百姓所有。大部分的资源收益也没有用于基础设施和社会公共服务的完善，导致地方政府无法为资源型城市转型创造良好的发展环境和物质基础。资源开采的短期性和逐利性使得资源型城市宝贵的资金常常流向外地而非支持本地转型发展。但是在新建城市时期，资金投入大于产出，无力抽出资金发展其他产业；在成长型城市时期，资源型产业发展处于投入产出比不断提升期，资金不愿意转向其他行业；在成熟型城市时期，资源型产业发展处于相对稳定的状态，盈利能力较强，资金不愿意转向其他行业；在衰退型城市时期，资源型产业通常处于亏损状态，难以抽出大量资金发展其他产业。

（四）人才要素供需结构性失衡

资源型城市较高的产业专用性以及日益高度自动化的产业特征，使其即使在资源价格高涨期，吸纳的人才和就业也相对非常有限。由于资源型地区开采的大宗产品多属于资源要素投入的初级产品，技术含量低，使得这类产业对从业人员的技术要求较低，行业的整体薪资水平相对较低，无法满足高端人才的高薪资要求，造成从业人员的技能单一，降低其市场竞争力，且进一步加大枯竭型城市低端人才供给与高端职位需求不匹配的结构性失业风险。即使是资源型地区自身培养的人才（更多都属于非资源型产业门类）也常常为了个人更好的发展而流向外地。在资源型地区经济发展发生较大波动时，资源型地区的各类人才更加明显地呈现出一种日益增长的流出态势。而且人口流出的更多是大学毕业生等中青年结构，这部分人群的流出相对属于中高端人才流失，对于资源型地区的转型发展将起到更为不利的抑制作用。另外，社会保障的不完善和再就业市场的不健全，枯竭型城市人口持续外流已然成为一种客观现象。

三、湘东区生态文明建设的具体举措

（一）转变各方思想观念

湘东区从过去的矿竭城衰、破败凋零到如今的生机勃勃、百业兴旺，令人耳目一新、精神振奋。成功的关键在于湘东区领导班子能够坚持践行新发展理念，观念转变在先，统筹谋划在前，提出实施"五大战略"（创新开放战略、工业强区战略、城市提质战略、乡村振兴战略、民生优先战略），建设创新活力更强、发展动能更足、人口聚集更旺、生态环境更美、干部作风更优的赣西新门户，让湘东人民过得更好的目标思路，以新发展理念引领转型发展，坚定不移地走出一条新发展道路。

首先，意识到促进绿色化转型紧迫性，须把绿色发展放在首位，坚持绿色引领高质量发展。湘东区的绿色发展已经有声有色，未来要始终坚守绿色化转型，促进生态文明建设和产业转型升级协同发展。其次，认真看待加强数字化提升的重要意义，湘东区将抓住数字化发展的重大机遇，加快数字化转型，加大地区之间的数字化协同。例如，通过电商放大农业产业效应，融入工业互联网平台，构建联程设计、协同制造、延伸服务的产业体系。最后，领悟坚持高质量发展的重要性，在产业转型方面，重点强调将节能环保理念贯穿工业产业体系的全部，无论是对传统产业的提升，还是对新型产业的培育，专注于热能回收利用、水污染防治、大气污染防治、工业废弃物利用等领域的环境工程治理，全区逐步形成节能环保产业链，使得生态环境治理从末端向全过程治理转变。

（二）推进环境综合整治

1. 卫生环境整治

卫生环境整治是湘东区激发全区生态环境"大变样"的起点。2016年，湘东区委区政府提出以"桌子抹三遍"精神，大力开展"干净湘东"行动。从区、乡（镇、街）、村到村民小组层层包干，把动员会、调度会从全区大会一直开到村组的"户主会"，形成干群全民参与的共识；实行以公共财政投入为主的经费保障机制和年度考核"三度一绩"干部激励问责机制，让卫生环境整治在持久战上保持动力；建立"户分类、村收集、乡（镇、街）转运、区处理"的"日清日结"垃圾处理长效机制，开展以"清路、清水、清房、清场"为内容的净化行动，推动城乡环境综合整治工作常态化。三年来，在萍乡城市管理考评中，湘东区屡次获得季度第一和城乡环境综合整治先进县区称号。

2. 山水林田湖草系统治理

持续实施山水林田湖草系统治理工程，构建水土保持、水源涵养的生态体系。蓝天保卫战中，聚焦于优化能源结构，从源头防控大气污染；以锅炉提标改造为重点进行工业废气防治；围绕机动车污染和交通扬尘管制进行交通污染治理；通过餐饮油烟整治、禁燃烟花爆竹和秸秆焚烧对生活类大气污染源进行精细化管理等。碧水保卫战主要从工业园区、产业和企业层面抓好水污染源头防控；以萍水河湘东段为重点，进行全方面立体式水污染末端治理，沿河打造出南岗口、陈家湾、双月湾等多个湿地公园；以碧湖水库为核心严抓饮用水源地保护工作；支持以企业、村和社区为主体建设节水型社会。净土保卫战中，以国土绿化为重点，通过开展城区增绿、乡村兴绿、通道连绿、水系添绿、荒山披绿等植树造林，实施长江防护林、重点公益林、天然林保护工程，对国有林场改革，停伐树木，改为发展林下种养和森林药材等林业经济。同时对废弃矿山修复、固体废弃物处理和土壤污染防治进行专项行动。

(三) 推动产业绿色转型

1. 产业集群发展方面

一方面，推动传统产业转型升级，坚持把工业陶瓷作为首位产业来抓，继续在创新升级上下功夫，开展以工业陶瓷为核心的环保成套设备的研发，加快环保节能产业数据中心建设，以科技创新推动陶瓷产业升级换代，努力建设国内有影响力的工业陶瓷研发和生产基地。另一方面，加速新兴产业集聚发展。培育智能制造、电子信息等集群延链发展。加快引进培育光电信息和智能制造等新兴产业，调优产业结构，增强新的发展动能。加快推进创意包装产业向规模化、集约化和智能化发展，引导龙头企业采取统一设计、委托加工、统一销售的方式，带动中小包装企业发展。

2. 现代服务业方面

作为在萍乡乃至江西最早举办油菜花节的县区，湘东区在打造乡村生态旅游上有远见，转变传统农耕观念，拓展乡村资源。该区把农业基地当公园办，把农庄当景点建，建有双月湾湿地公园、热带水果园、美妙多肉植物园等功能多元、特色各异的休闲农庄300余家，大面积种植杨梅、火龙果、桑葚、多肉植物等30余种特色农作物。丰富的乡村旅游成为吸引游客的"强磁场"，游客每年连续递增。

3. 科技创新和品牌建设方面

引导企业实施技术创新，鼓励企业与国内知名大专院校、科研院所合作，提升科技创新能力。普天高科的水处理过滤器获得国家发明专利，时代工艺由原来生产单一的茶叶包装，向礼品包装、食品包装和化妆品包装进军。重点发展了废水、废气处理环保成套设备，已成为我国工业陶瓷特别是化工陶瓷、耐磨陶瓷、环保节能陶瓷的重要生产基地。此外，湘东非常注重加强品牌建设，湘东工业陶瓷产业集群被工信部列为第四批全国区域品牌建设试点。全区拥有国家级品牌8项、省级品牌16项，产品质量认定 137 项，申请国家专利 100 多项。龙发实业的"莲发"和正大陶瓷的"吉祥鸟"商标获得"中国驰名商标"称号。

（四）提升城乡发展内涵

近年来，为进一步加快湘东区城镇建设进程，增强城镇综合承载能力、提升城市品位和人居环境，湘东区紧紧按照"三大工程"为工作思路，以转型升级示范城市、创新创业活力城市、赣湘合作先行城市、生态人文旅游城市、江南特色海绵城市的"五个城市"宏伟目标，通过大干实干快干，坚持以项目建设为重点，狠抓重点项目建设，实现"年年有变化，三年大变样"，不断提高城市品位。

1. 在城乡基础建设方面

广泛筹措资金，通过向上争取国家专项基金项目，破解资金瓶颈问题，已经先后启动了部分城区道路改造项目即四通路、砚田路、滨江国际巷道，启动了樟大线基础设施改造项目，姚泉路拓宽、巨源铁路道口拓宽，计划分两年全面建设好城区道路升级改造工程，目前，已启动了滨河北路沥青路面改造工程，正式拉开了城区改造建设序幕，同时，为优化全区道路网结构，已经启动了 S533 新老城区快速通道、S232 省道升级改造工程，以及沪昆高速挂线的升级改造工程，完成了 320 国道北移的立项批复以及几条城区快速通道的立项。

2. 在宜居宜业方面

一是"宜居效益"工程，在提升完善滨河花园、香榭帝景等一批住宅小区居住环境的基础上，新开发了滨江国际、萍水春天、赣西明珠、云程望族等项目不断提升城区人居环境，城区商品房的品位和档次达到全市同等水平。二是保障性住房建设工程，近年在城区建成了春风小区、幸福小区等棚户区项目，同时在园区及其他乡镇相应建设了公共租赁住房。三是棚户区和城中村综合改造工程，引进民间资本参与城市建设，由萍乡市云程置业有限公司投资 17439 万元完成旧城（下街棚户区）改造道路建设项目，同时积极探索城市发展模式，尝试利用多种融资模式吸引外来资金参与城市建设，切实做好建设资金保障工作，尤其是采取 PPP 模式让社会资本参与湘东区基础设施建设，彻底解决我区旧城城中村居住环境差、出入不便等问题。

3. 城乡公共服务一体化方面

湘东区以萍乡市"南延北扩、东引西接"的城市发展规划为契机，抢抓机遇，主动对接城区发展，以建设麻山生态新区为主战场，集中全区上下智慧，凝聚各方力量，举全区之力加快推进新型城市化建设，打造一座宜商宜旅宜居宜业的现代化生态特色新城。通过 PPP 模式，与东方园林公司签订合作协议，现已全面启动了麻山新区的基础设施建设。以创建海绵城市为出发点，全力投入抓功能完善，促城市品质提升；以打造智慧城市为着力点，铁心硬手抓平台基建，提高城市发展效率；以建设生态新城为突破点，双管齐下抓生态布局，拓城市发展空间；以乡村振兴发展为切入点，点面结合抓示范建设，使乡村美丽宜居。

四、湘东区生态文明建设的整体成效

（一）经济发展得到突破

湘东区贯彻新发展理念，落实高质量发展要求，以供给侧结构性改革为主线，抓重点、破难点、促转型，全区经济总量和发展质量进一步提升。2019 年，以历史最好成绩获评全省高质量发展综合考评一类县区先进。

1. 在工业发展提质增效方面

首先，工业园区发展层次进一步提升，赣湘开放合作试验区被纳入国家层面重点支持发展的战略，湘东工业园被纳入《中国开发区审核公告目录》，获批江西省首批"双创"示范基地、省级新型工业化产业基地（工业陶瓷产业）。2020 年，湘东产业园调规扩区获省批复，更名为湘东工业园。其次，新兴产业发展态势良好，金石三维 3D 打印、防管家智能家居等智能制造项目为湘东工业产业发展开辟了新领域，晴川电子、捷瑞思光电等项目为光电科技产业注入了新动力。再次，园区平台建设加速推进，龙形湾平台 400 亩土地平整全面完成，渡口平台、横溪平台正在抓紧建设，标准厂房一期即将全面竣工，铁路专用线与国铁正式接轨，物流仓库全面竣工，园区整体环境明显改善。最后，创新驱动能力显著提升。全区获批省级工程中心 2 家、市级工程中心 4 家，新增国家高新技术企业 6 家、国家科技型中小企业 24 家、省级"专精特新"企业 6 家。

2. 在产业融合换档提速方面

湘东入选全国农村一二三产业融合发展先导区创建名单，在省农村一二三产业融合发展先导区评审中排名第三；获评全国、全省平安农机示范县，全省现代农业示范区、全省休闲农业示范县、全省绿色有机农产品示范县、全省稻渔综合种养示范县（全市唯一）。锦旺农林、七彩生态获评全国休闲农业与乡村旅游四星级示范企业 4 家农旅融合企业被认定为省级休闲农业示范点；天涯种业连续两年进入全国杂交水稻种业前十强（全省唯一、全国第八）；"萍乡—白竺休闲游"被纳入农业农村部面向全国发布的 60 条美丽乡村精品景点线路。2019 年，全区接待旅游人数达 1433 余万人，同比增长 17%；带动增收 151 亿元。2020 年受疫情影响，共接待海内外游客 767 万人次，比上年下降 46.0%；旅游总收入 77.4 亿元，比上年下降 47.0%。

3. 在优化营商环境方面

以打造"四最"营商环境为目标，扎实推进"放管服"改革，2018 年，累计取消行政审批事项 139 项，取消行政许可事项各项证明材料 37 项，取消调整区本级减证便民事项 79 项；梳理公布"一次不跑"事项 112 项、"只跑一次"事项 355 项，办理"一次不跑"事项 997 件；扎实开展"一网通办"工作，梳理化解 6 批次 185 个堵点问题。优化涉企服务，涉政事务代理中心为企业代办各类手续近百件；进一步健全完善服务企业机制体制，积极帮助企业协调解决"融资难"等问题。

（二）污染防治成效显现

近年来，湘东区坚决贯彻习近平生态文明思想，扎实推进环保督察反馈问题整改工作。在大气污染防治方面，2019年，中心城区空气质量改善明显。在水环境质量方面，新建城区7.2千米及萍钢6.5千米污水管网，城区污水管网达到70千米，实现城区污水收集率达85%以上；9个乡镇生活污水处理厂全部建成并基本正常运行；全区出境水质稳定保持在Ⅲ类以上；国控断面水质达标率达到100%。园林绿化方面，湘东加大造林护林力度，完成造林1.51万亩，森林覆盖率达69.85%。湘东污染防治的努力得到上级充分肯定，首次获评全省生态环境工作目标考核先进单位。根据2018年绿色发展考核结果，54项考核指标中，湘东区排名全市第一的指标有13项，排名全市第二的有10项，排名第三的有11项。

（三）城乡环境日新月异

湘东以"三个管住、两个提升、一个全面"为抓手，宜居湘东行动成效明显。荣获全国村庄清洁行动先进县区（全市唯一、全省5个）；2019年全市城乡环境整治先进县区（全市唯一）；在全省第二批农村生活垃圾专项治理考核验收中，湘东考核总成绩和群众满意度测评均为全省第一，被列为全省人居环境整治试点县区；百日攻坚"净化"行动顺利通过市级验收，在全市城市管理和城乡环境整治考评检查中多次获评第一。坚持建管并重，铁腕整治"两违"，拆除砖混违法建筑181处，钢棚结构152处，有效遏制了乱搭乱建现象。

（四）民生福祉持续改善

近年来，湘东坚持以人民为中心，全面落实各项惠民政策，统筹推进社会各项事业发展，人民群众幸福感和获得感不断提高，荣获全国新时代文明实践中心建设试点县区（全市唯一，全省 12 个）。城市棚户区改造年度任务顺利完成，并通过上级验收。就业创业帮扶工程全部完工，创业担保贷款工作走在全省前列。被征地农民社保工作务实推进；基本医疗保险和大病医疗保险参保实现全覆盖。在全市率先完成年度敬老院改造提升任务，全省社会福利工作现场会在湘东召开，成功打造养老体系建设"湘东样板"。卫生服务保障不断完善，区妇幼保健院建成投入使用，完成乡镇卫生院和村卫生室建设。镇村农贸市场改造全面铺开，"以路为市"现象有效改变，全市市场建设现场会选点湘东。脱贫质效持续巩固，2019 年，统筹投入扶贫资金 3909.4 万元，贫困发生率降至 0.13%，超额完成省下达任务。

五、湘东区生态文明建设的特色案例

萍乡市湘东区是典型的老工矿城市，面临资源枯竭、环保压力大等诸多严峻形势，湘东以改善民生为中心、以绿色发展为遵循、以多元产业为支撑、以长效机制为保障、以统筹规划为引领，在准确把握新历史方位和矛盾变化的基础上，全面推动走高质量转型发展之路，把绿水青山变成金山银山。经过全社会各方的共同努力，湘东在推动资源枯竭城市转型发展上取得了阶段性成果，生态环境和城乡面貌持续改善，接续替代产业发展势头良好，转型发展的内生动力明显增强，从环境卫生全市"最堪忧"县区，一跃成为"最干净"县区。过程中有许多典型案例值得提炼和总结，下面从环境污染治理、宜居环境提升、产业绿色转型、生态平台建设等方面分别选取特色案例进行详细分析。

（一）环境污染治理案例："干净湘东"攻坚战

1. 亮点一：工业能源"三改"

湘东区属于典型的"烟囱经济"区域，曾一度被列为全国重点污染控制区，很大程度上制约了经济的发展。近两年，加大了对倒焰窑的改造力度，全面向烟囱经济挑战。迄今为止投入近1亿元，对全区111家陶瓷企业、164座倒焰窑、180根烟囱进行"三改"（煤改气、煤改电、煤改生物质），已完成近百家企业近120座倒焰窑的改造，拆毁烟囱170根。通过煤改工程，湘东区的空气质量有了明显好转。未治理前（2005年），全区水泥行业粉尘排放量为11936吨，治理后（2016年）的年排放量为1447.24吨。经过治理改造，陶瓷行业削减的煤耗量、烟尘排放量、二氧化硫排放量分别为1.96万吨、654.08吨、20.69万吨。湘东区的煤改工程共经历煤改气、煤改电、煤改生物质三个阶段。

在煤改气阶段，湘东区积极开展"燃气畅通工程"计划总投资9000万元，项目含湘东分输站1座和高压管道9.418千米，设计年输气量最高可达10亿立方米。但是"煤改气"也有一定的弊端，天然气在燃烧过程中会产生大量的氮氧化物，而雾霾的主要成分PM2.5的罪魁祸首正是氮氧化物。

在煤改电阶段，随着人们环保意识的增强，全国各地清洁供暖呼声高涨，"煤改电"的政策全面推广。对于湘东区来说煤锅炉将成为过去式，逐渐被清洁能源型的取暖方式所代替，主要的清洁型供暖有电采暖和燃气采暖。改造前全年耗电量为2300万千瓦时，改造后全年耗电总量为6750万千瓦时，而相应的煤炭消费量降低500吨，降幅达20%。

在煤改生物质阶段，生物质燃料是可再生能源，具有产量巨大、分布广泛、低硫、低氮、生长快等特点。湘东区决定在2019年前将7台燃煤锅炉改造为生物质燃料锅炉。改造前全年生物质燃料消耗总量为零，改造后全年耗生物质燃料总量为67200吨。

2. 亮点二：控制水源头污染

过去在湘东，工业、农业及居民生活污染物大量排放到河道内，导致河道淤积、鱼虾死亡、水质污染严重，清澈的江湖河水都变成了名副其实的"黑臭水"。根据地表水环境质量标准划分，全区萍水河、草水河多处水断面质量更是一度成为劣Ⅴ类水体，基本丧失水使用功能。居民生活用水、农业用水得不到保障，引来百姓怨声载道，解决好人民群众反映强烈的水污染环境问题，已经成为改善环境民生的迫切需要，也是加强生态文明建设的当务之急。为此湘东区积极推进水污染源头控制工作，加大对沿河企业的污染整治，全面清除沿河两岸企业非法取水、入河排污口；推进养殖场污染处理设施建设，减少农业生产中过度使用化肥、农药现象；推进全区城镇污水收集管网建设，全面提升城乡污水处理综合能力。

江西萍乡湘东工业园位于萍乡市湘东区下埠镇，园区产业以包括化工陶瓷、环保陶瓷等在内的工业陶瓷为主，以精细化工产业、电子信息产业为辅，工业污水治理压力较大。作为湘东区的工业强园，园区致力于建立以资源节约型、清洁生产型、利废环保型为重要特征的工业循环经济体系，积极采取措施控制工业污水排放。园区污水排放量达2.26万吨／日，污水处理率达到100%，可以说是现代工业园污水治理的典范。主要做法如下：

（1）采用节水型设备，推广先进节水技术。园区在给、排水设计和施工过程中均选用节能型给、排水管材和设备，采用较为先进的给、排水控制技术；建立合理的水量平衡系统，做到优化调度、梯级利用、一水多用；采用节水型冷却器和换热器，大力推广节水器具的使用，使节水器具的普及率达到100%。

（2）建设园区污水处理厂，进行污水集中治理。园区建设湘东工业园污水处理厂，于2015年启动运营，专门处理园区污水，有效保障园区全面投产后的污水处理需求。园区要求各个厂区污水需先自行通过沉淀等初级处理达标后，再排入园区污水管网，最后经污水处理厂进行集中处理。污水处理厂采用二级处理，尾水部分进行再生水处理后进行回用，剩余达到污水排放标准后排入就近水系。

（3）设计雨污排水管道，建立园区排水系统。根据地形地势及总体布局，敷设雨水管道，雨水就近排入水体。污水管的布置则遵循管线较短、埋深较小的情况下进行，力求做到让最大区域面积上的污水能自流排出，按照地形走势，顺坡排水。以防止雨水、污水错乱排放，保证污水处理厂能够正常运行。

（4）整治园区污染企业，坚决控制污染源头。园区一度加强对企业的环境监察管理，确保其废水达标排放，对经治理仍无法达标的企业，责令其搬迁或关闭。同时限制发展高耗水、高污染项目，积极引进低能耗、低污染、高产值企业，在企业中广泛推广清洁生产，鼓励污水回用，从源头上减少污水的产生量。

3. 亮点三：矿山生态修复

湘东区采煤历史已有近百年之久，区内曾经有几十家煤矿，主要集中在湘东区东北部的大屏山井田以及中部的胡家坊矿区、巨源井田南面。由于煤矿的开采，导致周边环境恶化，引发了山体崩塌、滑坡、泥石流及地面塌陷等诸多环境地质问题，危及周边村组群众的生命财产安全。据2019年的调查数据显示，湘东区塌陷影响面积达15214.08亩，其中核心影响区8588.55亩；影响耕地面积997.89亩，其中永久基本农田面积335.32亩；损毁耕地约312.17亩，其中永久基本农田面积260.17亩；损害房屋建筑面积约667626.5平方米，损害道路总长约67.6公里，塌陷区影响群众4258户17362人的生命财产安全。湘东区通过"削坡整平+植被景观恢复+挡土墙+截排水沟"的方式，严格按照"宜林则林、宜灌则灌、宜草则草、因地制宜、综合治理"的原则进行治理。采取控制源头污染、推进矿山土地复垦和加强生态环境监测等一系列举措，使得矿区环境"大变身"。治理区总恢复植被面积1000余亩，试种培育刺槐、泡桐、松树等树木花草10余种，自然生态恢复的植被达50多种。公路修复、水塘清淤、道路绿化等工程有序推进，打造了土旺冲、南竹坡等10个新农村建设点。创建了萍乡市第一家矿山生态修复科普基地，在治理中注重因地制宜打造生态旅游景观，与槐花茶、槐花蜜等旅游经济产业巧妙融合，开启了煤矸石山从"卖煤炭"到"卖风景"旅游之路。

　　湘东区制定修复规划，首先是明确"三区两线"。自然保护区、重要景观区、居民集中生活区的周边和重要交通干线、河流湖泊直观可视范围"三区两线"，以及贫困地区，特别是深度贫困区和脱贫攻坚区等地为矿山地质环境恢复治理重点区域，列为优先治理范围，实现矿山地质环境恢复与综合治理。其次是落实主体责任，控制源头污染。督促属地政府落实废弃矿山、灭失矿山等无主矿山治理主体责任。推进重要矿集区矿山环境恢复和综合治理，全面履行矿山地质环境恢复和综合治理职责，实现矿山复绿。通过矿山生态修复防治地质灾害，遏制矿山水土流失，消除尾矿等污染源头。严格持证矿山准入管理，从源头上把好矿产资源开发利用的龙头。最后是加强生态环境监测，严防环境污染。加强矿山生态环境动态监测和调查评估，在矿产资源开发活动集中区域执行重点污染物特别排放限制，大力推进矿山废气、废水、废渣及扬尘整治，重点加强矿山周边农用地生态环境质量调查和污染农田生态修复、矿山造林绿化、生物多样性保护和水土流失防治以及加大矿山环评方案监督检查力度，严防矿山开发造成水土污染，不断改善矿山生态环境状况。

　　下埠镇煤炭资源丰富，开采历史悠久，煤炭的开采促进了当地经济社会的发展，但对生态地质环境造成了较大影响。一是地质环境受到严重破坏。地表多年的滥采乱挖形成大面积采空区和采坑，水土流失严重，周边环境恶化。二是危害群众生命财产安全。由于山体破坏，容易造成山体崩塌、滑坡、泥石流及地面塌陷等地质灾害，导致周边村组群众安全难以保障。此外，地下水位下降、井泉干涸，形成了大面积的疏感漏斗，影响农作物耕种，导致群众农业经济受到较大损失。为有效恢复矿区地表生态环境，消除地质灾害隐患，改善当地百姓生产生活环境，2014年，下埠镇开始实施矿山综合治理项目，经过科学规划，因地施策，矿区治理一期胡家村360亩矿山已经郁闭成林，矿区治理二期虎山村700亩矿山初见成效，并成立了萍乡市首家矿山复绿科普基地。下埠镇优选植物品种，改良土壤基层。胡家旺发矿区针对矿区土壤基层修复问题，根据不同污染程度挑选生态修复所需的植物品种，选出了适合煤矿山绿化先锋乔木树种、灌木

131

种、草种。同时实施避险工程，保障群众安全。2017 年，虎山湘岭至五四矿区开始实施治理，平面面积为 519.6 亩，斜坡面积 2067 亩。共完成了矿山避险工程 1056 余亩，工程项目包括矿山阶梯式土地平整、截排水沟、挡土墙建设、绿化工程（补种各类树苗 20 多万株，撒播草子 460 千克，并覆盖无纺布 600 余亩等）。此外，创建修复科普基地，传播生态理念。结合区级创建国家森林城市文件要求以矿山生态修复为基地，成立了一个生态修复科普展览室，其主要包括生态修复概念、生态修复对比图、矿山植被恢复树种、生态修复专利技术、生态修复效果、自然恢复物种六大板块进行展示生态修复成效。进一步传播了生态文明理念，使保护生态环境深入人心。

（二）宜居环境提升案例："宜居湘东"升级战

实现生态宜居，应着力在"宜"字上做文章、下功夫，遵循人与自然和谐发展规律，从生态环境建设入手，以优美环境带动乡村其他领域共同发展，实现农业农村现代化。在生态宜居的新思想指导下，湘东区提出了建设新型生态宜居城市、文明和谐城市的目标，如何把城市规划好、建设好、管理好、经营好，为人们提供更加优美、更加适宜人居的城市环境，是湘东区义不容辞的责任。为改变基础设施落后的局面，给居民营造舒适舒心的生活环境，一场以"完善功能、打造亮点、突出特色、提升品位"为内容，推动城市配套设施再完善、精细化管理水平大提升，加快宜居宜业的新一轮城市建设在湘东区拉开序幕。

1. 亮点一：创建海绵城市

湘东区作为老煤炭矿区，老城区建设高度密集、空间布局不合理、城市基础设施历史欠账多。长期以来城市洪涝灾害频发、人居环境差。在资源枯竭与去产能的双重压力下，城市缺乏新动能，转型发展乏力。2016年，湘东区在萍乡打造海绵城市的项目中，将生态文明理念融入城市建设中，为恢复萍乡的水生态平衡做出了自己的贡献。经过海绵城市建设改造后，湘东区由过去汛期最多时的 14 个城区预警点，到如今只有 3 个，湘东城区不但告别了积水内涝的痼疾，更把海绵城市的理念带到了湘东百姓中，极大缓解了附近区域的排水需要，形成了污水进入污水管网、雨水排入萍水河的良性循环，有效解决困扰城区多年的雨季内涝问题。按照"生态、安全、活力、美观"的海绵城市建设要求，湘东区积极转变城市建设理念，优化城市发展模式，提升城市品质，着力于建设人水和谐、生态宜居、人文特色的嬗变湘东。

龙舟公园位于湘东区滨河新区，东起昌盛大桥，西至老黄花桥，临萍水河而建，全长 2.6 千米，项目总投资 8000 万元。公园以"龙舟文化"为主要元素，在沿河边小道设置龙舟文化广场、龙舟看台、龙舟展示馆、下沉湿地广场、自行车道、滨水步行栈道等功能设施，打造一条集绿色、生态、文化、经济、品牌为一体的龙舟文化载体和绿色生态走廊。龙舟公园在建设时按照海绵城市理念进行设计施工，注重河道治理工作，提升河道调洪泄洪功能，坚持"渗、滞、蓄、净、排、用"的理念，在公园的设计、功能分区、植被选择等方面以实现自然渗透、自然积存、自然净化为目的，实现雨水的有效利用和转化。具体做法如下：

（1）采用渗透性铺装，建设海绵公园道路。湘东区老旧的公园道路铺装普遍是不透水的设计，底层路基夯实，雨水难以下渗，雨水冲刷泥土中的垃圾汇聚路面，污染道路难以清理。湘东区依据不同地面的土质特点，采用透水砖、透水水泥混凝土、透水沥青混凝土、嵌草砖、园林铺装中的鹅卵石、碎石等不同透水铺装方式。公园道路的透水铺装有效解决了公园道路雨期积水问题，在道路旁边设置的雨水沟可以使周边雨水径流有效收集，不会冲刷到道路面。

（2）挖掘浅凹绿地，打造雨水花园。湘东区多数老旧公园的下凹道路在雨洪时期容易被淹，影响功能使用。且抬升的绿地不仅缺乏景观效果，而且雨洪时期不能收集雨水，会使公园雨期内涝严重。因此，龙舟公园建设中采用雨水花园理念，即采用人工挖掘的浅凹绿地，并在土壤表面铺上细沙后因地制宜选择适当的植物。下凹雨水花园能够有效收集周边雨水径流，通过卵石、植物、细沙、土壤四个过滤层进行净化、下渗，避免雨洪

133

内涝危害，同时雨水花园的景观效果能够满足市民观赏要求。

（3）创造下沉式绿地，实现雨水储存回收。湘东区缺乏大面积的雨水滞留空间，原有许多公园的绿地并没有在这一方面产生积极作用，因为这些公园绿地普通土壤下渗速度偏低，汇集的雨水不能有效下渗。在公园建设过程中，湘东区将海绵城市建设理念中下沉式绿地的想法运用其中。小雨时，大型下沉式绿地通过植草沟、雨水花园或雨水管道输送周边的雨水径流，有下沉式绿地最低点海绵设施净化并收集存储回收。大雨时，大型下沉式绿地会收集公园周边建筑、道路和广场等地表径流，统一调整下渗。当公园下沉式绿地水量超过标准时，会通过溢流管排放至市政管道。

2. 亮点二：打造智慧城市

随着城市化进程的加快，交通拥堵、环境污染等城市问题日益严重；随着人们经济水平的提高，人们开始追求更加宜居、便捷、安全的城市生活；随着人工智能、大数据、云计算等技术的日益成熟，智慧城市已成功进入城市建设轨道。推进智慧城市建设，要加强人工智能同保障和改善民生的结合，从保障和改善民生、为人民创造美好生活的需要出发，推动人工智能在人们日常工作、学习、生活中的深度运用，创造更加智能的工作方式和生活方式。要抓住民生领域的突出矛盾和难点，加强人工智能在教育、医疗卫生、体育、住房、交通、助残养老、家政服务等领域的深度应用，创新智能服务体系。

（1）在智慧城市建设的价值维度方面，湘东区不仅把智慧城市建设看作是一项技术工程，更认为其是贡献中国智慧进行价值确认与价值实现的治理过程。首先，智慧城市建设不能一味模仿先进国家的建设经验和平台技术，而要以湘东区本土化的实践及民众诉求为本，避免引发价值隔离、价值真空、价值缺失，造成巨大的资源浪费。其次，智慧城市建设进程中必须分清公共行政在现代社会治理中的角色，厘清与整合智慧城市建设多维的价值诉求，并以此提升治理能力、完善治理过程，进而实现"善治"目标。湘东区在由传统治理模式向智慧治理模式过渡，确立智慧城市建设的合法性基础，确立和强调公平、正义价值融入"以人民为中心"的价值承诺。同时，将集约、低碳、绿色等新理念融入治理进程。

（2）在智慧城市建设的系统维度方面，湘东区将整区智慧城市建设纳入统一规划，范围涉及政治、经济、文化与民生建设等领域。各领域间整体规划、融合共建、共谋发展，发挥细分领域的规模效应，而不是自成体系、互不相容的切割式与片段式堆砌。无论是横向分解不同领域目标，还是纵向分解不同层级任务的系统化模式，湘东区智慧城市建设致力于推进精细化管理、均等化服务，提供跨部门协同和资源整合的治理方式，现已形成了初级的智慧政务、智慧生态、智慧交通、智慧旅游、智慧社保、智慧物流等智慧模式，为智慧城市模式探索及整合提供了系统化基础。

（3）在智慧城市建设的技术维度方面，湘东区认为智慧城市作为信息技术创新应用与城市转型发展深度融合的产物，是提升科技支撑能力、加强关键核心技术攻关的综合体现。因此，湘东区智慧城市建设过程中遵循新发展理念，结合城市特色及比较优势、资源禀赋，明确城市发展定位，避免千城一面，提高湘东区乃至萍乡市创新能力和综合竞争力。运用现代科技手段推动社会治理体系架构、运行机制和工作流程创新，在技术研发定位、需求设计和应用实践的各个环节实现理念、技术、平台和人文追求的统一，形成一体化、持续化的目标系统与嵌套耦合的运作模式。

智慧社区是智慧城市的基本单元与核心组成部分，是智慧城市概念中社区管理服务的一种新理念。湘东区荷尧镇荷发智慧社区建设是积极响应国家致力于满足人民日益增长的美好生活需要的必然要求，以满足居民需求为出发点和落脚点，紧紧围绕"建设生态、宜居、幸福新荷尧"的梦想目标，在建设智慧社区上深入探索，依托社区服务智慧平台建设，融入智慧家居、智慧安防、智慧养老、智慧问政等内容，打造服务智慧型农村社区，基本实现智慧社区从"概念"到真正"落地"。该社区打造智慧养老信息平台，保障老人安全。现在的老人居住环境有两种：一是住在家里；二是住在养老院。湘东区政府针对这两种情况提出智慧养老的方案，聘请了江西颐悦康科技有限公司打造湘东区智慧养老信息平台，通过建立老年人健康管理大数据库，依托智能软硬件和数据中心对老年人进行健康监控，提供医疗、健康、护理、家政等全方位服务，老人可通过智能手环进行线上问诊、发布护理或家政需求，基本实现了智慧养老从"概念"到真正"落地"。

3. 亮点三：建设生态新城

湘东区以提升城市品位为落脚点，大力实施城市提质战略，有机整合并优化老城区、滨河新区和麻山生态新区总体规划布局，构建"一老两新"城市发展新格局，推动城市配套设施再完善、大提升。推进麻山生态新区和滨河新区棚户区（城中村）改造示范项目建设，着力打造"生态新城"，建设"湘东模式"。紧紧围绕让更多人在湘东安家落户出实招、办实事，要以"城市功能与品质提升三年行动"为契机，提升城市精细化管理水平，加快建设宜居宜业的赣西新门户。

滨河新区棚户区地处湘东区行政中心右侧，地理位置优越，但长期以来都是一个城中村的缩影：许多楼房年久失修，安全隐患较重；雨水污水排水不畅，卫生面貌脏乱差；基础设施配套落后，城市功能不完善，特别是白果树下的建筑年代久远，配套设施陈旧，道路拥堵。滨河新区改造工程迫在眉睫。2017年9月，湘东区委区政府大力推进滨河新区棚户区（城中村）改造，这是湘东有史以来最大的棚户区改造项目，涉及范围以湘东老城区昌盛大道以西的棚户区为核心，包括湘东镇河洲村富家棚等14个村民小组，道田村老虎山等11个村民小组，土地面积2800亩，1000余套房屋。改造后的滨河新区，已建设道路、桥梁、学校、医院、体育场馆、湿地公园、景观坝、城市会客厅、酒店、商会大厦十大公益性项目和基础设施。为广大居民提供集休闲、文化、娱乐、旅游为一体的生态环境优美、公共服务设施配套的活动场所，创造天更蓝、水更清、地更绿的人居环境。具体做法如下：

（1）科学决策，确定棚户区选点。湘东区第十一次党代会后，领导层开始思考老城区如何进行扩容提质，以改善湘东的人居环境。湘东区领导通过走访湘东城区，并召集规划、城建还有湘东本土的老同志讨论了多次，实地踏勘多个地块，在反复研究对比和征求民意后，科学决策，选择在昌盛大道以西的棚户区启动建设一个滨河新区。滨河新区改造的实施将有效拓展城市空间，缓解老城发展压力，为提升城区商业、居住、教育、医疗等城市功能提供发展空间，推动湘东迎来更大的发展机遇。

（2）规划先行，确保项目高标准推进。确定滨河新区改造工程以后，区委区政府以建设全市乃至全省城建标杆为目标，聘请省规划设计研究院对开发建设进行规划。滨河新区的规划功能结构为"一带两岸，两轴多点"空间构架，勾勒出未来发展的蓝图。规划明确新区以建设新型学校、医院、图书馆、湿地公园、文化会展中心等公益性项目为核心，大力发展文化、生态、休闲、旅游等多项重要产业。同时，对滨河新区规划范围内和周边区域一切有可能影响新区宜居品质的污染和建设，必须与新区建设同步破除。

（3）以人为本，保证合理征拆。在拆迁安置中，区委区政府强调，要用以人为本的方案最大限度赢得百姓的支持。在征地拆迁之前，特意组织了专门的考察组到外地学习先进经验，并邀请市房管局、区法制办的工作人员和法律顾问论证把关，最后历经公示、听证和数十次的修改，逐步完善了滨河新区棚户区（城中村）改造的《征收土地实施方案》和《国有土地上房屋征收与补偿安置方案》。湘东区把政策告知群众，听民情民意，帮助群众算好拆迁补偿账、环境改善账、发展受益账，打消了群众的种种拆迁顾虑。

（三）产业绿色转型案例：生态工业系统

生态文明建设本质上要通过重建生态化生产方式才能实现，经济结构的战略性调整、产业结构转型升级必须以生态文明建设为标杆，构建基于生态文明建设的新型产业体系引领产业结构转型升级，最终实现生产方式生态化。湘东区紧紧抓住萍乡市国家产业转型升级示范区建设这一重大机遇，奋力开创湘东区产业转型升级新局面，推动湘东区产业结构优化调整和产业空间布局科学完善，推进传统产业转型升级和培育壮大新兴产业，构建现代产业新体系，实现高质量跨越式发展。

　　1. 亮点一：构筑"3+X"生态产业体系

　　在新经济形势下，湘东区优势传统产业开始呈现粗放型、低质同构和产业层次低的情形，并且面临资源枯竭、环保压力大等诸多严峻形势，迫切需要产业转型升级和产业集群发展。经过多年发展，湘东区的工业陶瓷、彩印包装、精细化工三大产业始终保持了比较强劲的生命力，其中又以工业陶瓷最为突出。基于这些考虑，2016年，湘东区委提出了"主抓项目、强攻工业"的发展战略，并结合湘东工业基础优势和发展形势需要，明确了"两平台、'3+X产业'"的工业发展思路，即全力打造湘东大工业平台、湘东大物流平台，做大做强工业陶瓷、彩印包装、精细化工三大产业集群，引进和培育X个新兴产业集群（可以是环保新材料、新能源、电子信息、光电和智能制造类）。2020年，全部工业增加值423075万元，比上年增长5.7%，占生产总值的比重达33.1%，对经济增长的贡献率为55.3%。具体做法如下：

　　（1）完善"两大平台"，加强基础设施建设。湘东区按照"资源集约利用、企业集中布局、产业集群发展"的发展思路，从保障供应、降低成本出发，高标准推进湘东工业园和物流园区两大招商平台建设，不断完善与产业发展相配套的基础设施等社会公共服务体系。加快推进产业园的水、电、路、气等基础设施建设，全面升级工业供水系统、工业大道以及工业南大道等工程。同时，以湘东工业园铁路专用线和姚家洲火车站为主体建设赣湘开放物流园区，对接广州港等重大物流项目落地，盘活萍乡电厂、萍乡铝厂闲置土地，打造集仓储、铁路联运于一体的区域物流中心。

　　（2）培育创新平台，构建新型产业体系。湘东区以两个平台为依托，重点围绕工业陶瓷、精细化工、彩印包装和新兴产业的"3+X"产业，以创新驱动旧动能提升和新动能培育，构建具有较强竞争力的新型产业体系。新组建杂交水稻制种优势创新团队；新组建市包装彩印文化产业工程技术研究中心，为包装彩印文化产业提供技术创新、质量检查、市场分析等科技服务；促进企业与高等科研院所联姻，不断巩固升级省工业陶瓷工

程技术研究中心、市工业陶瓷生产力促进中心、博士后科研工作站等工业
科研平台建设，加紧对国家级工业陶瓷工程技术研究中心、省级水稻制种
工程技术研究中心、市级脱硫成套设备工程技术研究中心等平台的建设，
实现科技与实体经济细胞之间的"零距离"接触，直接服务于产业的转型
升级。

（3）立足产业优势，打造产业集群。湘东区以金刚科技、龙发实业、
普天高科、石化填料等企业为重点，湘东传统工业陶瓷产品向陶瓷成套设
备等高端产品发展；以氢氧化钾离子膜项目为依托，推动精细化工产业集
约化、规模化、生态化发展，打造长江以南最大的钾碱生产基地；以时代
包装、华雅印务等为龙头，推动传统彩印包装向包装文化创意发展。同
时，紧扣"一区一品一带多节庆"的发展思路，全力打造彰显湘东特色、
富有湘东韵味的大农业、大旅游发展格局，推动第三产业发展再上新
台阶。

2. 亮点二：科技创新促工业陶瓷产业绿色转型

湘东工业陶瓷产业起源于 20 世纪 70 年代初。早在改革开放之初，湘
东区下埠镇就以"中国工业陶瓷之乡"的美誉闻名全国。但发展到 90 年
代，"村村点火，处处冒烟"的企业离散型空间布局无疑成了其进一步发
展的严重阻碍，低质同构、规模小、污染环境等一系列问题逐步显露。湘
东区共有工业陶瓷企业 92 家，其中，规模以上工业陶瓷企业 44 家，规模
以下工业陶瓷企业 48 家；化工填料企业 37 家，建筑陶瓷企业 5 家，耐磨
瓷球企业 7 家，电瓷企业 3 家，其他环保陶瓷企业 40 家。此外，湘东区着
力建设工业陶瓷服务平台，建设形成了"五中心一站一超市"（技术服务
中心、研发中心、检测中心、教育培训中心、产品展示中心和博士后科研
工作站、行业人才超市）服务体系。各类创新资源不断聚集，有力地促进
了湘东区工业陶瓷产业绿色转型发展。具体经验如下：

（1）淘汰落后产能，加快绿色转型步伐。湘东区政府明确提出"淘汰
一批、提升一批、壮大一批"的产业改造方案，推动现有陶瓷生产企业加
快改造提升。组织科技、财政等部门成员，走访全区陶瓷企业，开展对科

技项目的调研、筛选工作，关停了倒焰窑生产企业124家，拆除倒焰窑398座、烟囱199根，改建隧道窑和辊道窑81条、梭式窑和推板窑143座、电窑11座，将工业用燃料由直接燃煤改造为焦炉煤气、液化气等燃气。近年来，全区淘汰落后产能356万余吨，累计减少二氧化硫排放3053吨、烟尘9811吨、粉尘10489吨，减少化学需氧量789吨。

（2）完善公共服务，搭建绿色转型平台。高标准建设萍乡陶瓷产业基地，促进湘东区工业陶瓷产业以集群方式快速发展。打造陶瓷产业转型平台，完善园区道路、水电等基础设施建设。高标准建设工业陶瓷国家测试中心、技术服务中心、研发中心、教育培训中心、产品展示中心等，打造行业人才超市、博士创业园、高新技术陶瓷孵化园，为企业储备高级人才。严格限定企业的入驻门槛，对进驻企业除要求环保达标外，还规定具备每亩用地投资密度必须达100万元以上、亩产税收不低于5万元等科技型、环保型、规模型条件。

（3）加强科技创新，激发绿色转型新动能。湘东区委区政府主要领导多次带领相关部门和企业走出去，先后走访了北京、山东、广东等地及意大利等国的高等院校、科研院所、陶瓷技术产业区70余家，邀请多个国家的陶瓷专家到湘东指导陶瓷生产工艺，聘请中科院院士、专家为科技顾问。此外，湘东区不断激励企业自主创新，先后出台了《关于推动全区工业科技创新的意见》、《关于实施人才兴区战略构建人才高地的意见》等加快科技创新文件，每年预算500万元科技创新专项资金，重奖科技创新企业和科技新人才。

3. 亮点三：建设赣湘合作试验区

为突破省际壁垒，加强区域合作，2014年，赣湘开放合作试验区已被纳入了国家发展改革委编制的《赣闽粤中央苏区振兴发展规划》。2014年，国务院正式批复《长江中游城市群发展规划》、出台《依附黄金水道推动长江经济带发展的指导意见》等，为赣湘开放合作试验区的建设提供了坚实的战略层面的支持。江西省和湖南省共同签署了《进一步推动赣湘合作框架协议》、《共建赣湘开放合作试验区战略合作框架协议》等合作文件，标志着赣湘开放合作试验区战略上升为赣湘两省发展战略。2019 年以来，赣湘两省大力推动"十四五"规划对接，特别加强了重点交通合作项目和共建一个产业合作园区的对接。湘东区按照《深化萍乡株洲两市合作三年行动计划》的部署，就湘赣边区域合作示范区建设的有关规划和具体项目建设积极做好对接，特别是就醴陵—湘东园区共建、资源共享、基础设施互通等事宜多次与醴陵市进行对接。2019 年 5 月，湘东区组织党政代表团赴醴陵考察学习，专门对接湘赣边区域合作示范区建设工作。已经初步拟定了《湘赣边区域合作产业园（醴陵—湘东）框架协议》。具体做法如下：

（1）编制赣湘合作发展规划，推动赣湘深层次合作。2019 年 3 月，赣湘两省发展改革委启动了《湘赣边区域合作示范区发展规划》编制工作，2019 年 7 月，两省专门行文《关于支持建设湘赣边区域合作示范区的函》至国家发展改革委，提请支持建设湘赣边区域合作示范区，争取国家层面尽快批复规划。江西、湖南两省组织有关地区已完成《湘赣边区域合作示范区发展规划》初稿编制工作，为国家出台支持湘赣边区域合作政策提供参考。湘东区产业园调区扩区、赣西港、碧湖潭水库等重大项目均纳入规划。

（2）完善赣湘合作平台建设，推进重大项目建设。近年来，湘东区累计投资 20.32 亿元大力推进试验区湘东园区基础设施建设。2016 年，规划建设以湘东工业园为核心的赣湘开放合作试验区湘东园区总面积达 30 平方千米，投资 39.2 亿元建设湘赣边区域合作产业园（醴陵—湘东）的配套物流园——萍乡赣西港，完成总体规划，并已组织赴长三角地区开展赣西港物流项目招商活动。加快基础设施互联互通，启动醴陵和湘东工业园的连接公路新油公路建设，规划建设渌水湘东至株洲入河口段四级航道项目，构建赣湘边际综合立体交通网络。

（3）加强赣湘产业对接合作，推进传统产业升级。湘东区大力推进传统产业转型升级，积极引进培育新兴产业，加快动能转换。投资 13 亿元建成光电科技产业园、环保新材料产业园，投资 5 亿元建设智能制造产业园,助力新兴产业发展壮大。注重加强与长珠潭地区推进传统产业转型升级方面的对接合作。园区内有来自湖南的企业 6 家,涵盖陶瓷、电子等多个行业。投入 1.2 亿元建成工业陶瓷科创中心,并与湖南大学科研团队合作共建了江西萍乡先进陶瓷研究院。拓源实业、和鑫高科等企业与中南大学、湘潭大学等高校开展了科研合作。

(四)生态平台建设案例:绿色转型示范区(点)

生态示范区建设是按照可持续发展的要求、生态经济学原理,合理组织、积极推进区域社会经济和环境保护的协调发展,建立良性循环的经济、社会和自然复合生态系统,确保在经济、社会发展,满足广大人民群众不断提高的物质文化生活需要的同时,实现自然资源的合理开发和生态环境的改善。全国生态示范区建设自启动以来发展迅速,在推进地区经济、社会和环境保护协调发展的同时,对周边地区产生了良好的辐射作用,使生态示范区建设成为区域社会、经济可持续发展的一种理想载体和组织形式。通过生态示范建设,对于我国走资源开发可持续、生态环境可持续发展道路,实现生产发展,生活富裕,生态良好的生态文明建设具有重要的推动意义。更为做实做强全国的国家绿色经济试验示范区,建设更高水平的生态文明,积极参与打造人类命运共同体的伟大实践,走出一条人与自然和谐的绿色发展道路,指明了前进方向、提供了根本遵循、增添了强大动力。

1. 亮点一:融入国家产业转型示范区

2008 年,湘东区获批国家资源枯竭型城市试点城市。为推动湘东区经济转型,资源型城市可持续发展。湘东区深入贯彻落实市委、市政府《萍乡市国家产业转型升级示范区建设实施方案》工作要求,奋力开创湘东区产业转型升级新局面。通过全面推动优化产业结构和产业空间布局,推进传统产业转型升级和培育壮大新兴产业,构建现代产业新体系和先进创新平台,优化营商环境和人才引进,落实项目建设,实现了经济高质量跨越式发展。2019 年 8 月 26 日,国家发展改革委等 5 部委联合公布了国家产业转型升级示范区名单，湘东区以优异成绩获批。

（1）升级产业结构，推动传统产业优化调整。一是坚持把工业陶瓷作为首位产业来抓，继续在创新升级上下功夫，开展以工业陶瓷为核心的环保成套设备的研发，加快环保节能产业数据中心建设，以科技创新推动陶瓷产业升级换代，努力建设国内有影响力的工业陶瓷研发和生产基地。二是加速新兴产业集聚发展。培育智能制造、电子信息等集群延链发展。加快引进培育光电信息和智能制造等新兴产业，推进创意包装产业向规模化、集约化和智能化发展，引导龙头企业采取统一设计、委托加工、统一销售的方式，带动中小包装企业发展。

（2）升级创新平台，增强企业创新能力。深化"3+X"产业定位，推进企业培育、研发创新大提升。注重培育工业陶瓷、创意包装、节能环保等产业龙头企业，引导小微企业升规入统，全力推进设立工业担保公司和政府产业基金，加强对科技成果转化的支持。联合高校和区内骨干陶瓷企业组建公司化运作的工陶技术研究院，打造先进工业陶瓷技术成果孵化和培育先进陶瓷企业的公共创新平台。并且每年投入 1000 万元作为研发经费，支持企业研发运行。

（3）升级招商机制，推动产业集群化。湘东区坚持以抓项目促进产业转型升级，大力发展"3+X"产业，"3"为工业陶瓷、精细化工、创意包装，"X"是电子信息、新材料等新兴战略产业。紧紧围绕先进陶瓷、创意包装、光电科技、智能制造、环保新材料等重点产业，瞄准央企、省企以及"长三角"、"珠三角"大公司、大集团及时推介引进，通过招商引资、强强联合、技术创新、产能提升、资产重组等方式，引进或培育一批产值过亿元的重大项目、优质项目和新兴项目，推进产业集群化发展。

（4）升级管理机制，增强产业发展支撑。加大土地收储和腾笼换鸟力度，采取政府依法收回、企业兼并重组、法院判决拍卖等措施积极处置闲置和低效用地。加强工业园区改革，通过加强园区领导班子建设，加快实施"去行政化"改革。实行"管委会+平台公司"的管理模式，逐步把产业园的设计、投资、运营等事务，交给专业团队管理，平台公司以市场化方式参与园区基础设施建设和产业发展。出台《湘东区招商引资优惠办法》、《推进工业陶瓷产业集群发展十条政策》、《湘东区中介人奖励办法》等激励政策，全面落实降成本优环境政策。

2. 亮点二：推进全国水生态文明建设试点

由于湘东区内并无重大输水工程与大型水利设施，工程建设上呈现出缺水现象，制约了城市发展与建设。同时湘东区的工业发展多以高耗水工业为主，对水资源的消耗量较大。并且缺乏对水资源的有效监控与管理，在对水资源的利用上较为粗放，使得水资源的利用情况有增无减。水资源管理体系建设不完善，防洪排涝标准偏低，防洪减灾能力不强，水安全保障程度不高。面对水资源供需矛盾日益突出的情况。湘东区上下认真贯彻落实习近平生态文明思想，紧紧围绕省、市水生态文明建设各项决策部署，立足本区实践，坚持问题导向、综合施策、水岸共治、协作联动，全面推进水生态环境综合整治，致力打造"河畅、水清、岸绿、景美"的河库环境，全面推进水资源生态文明建设。2014 年 5 月，湘东区被水利部确定为第二批全国水生态文明建设试点城市。具体做法如下：

（1）全面推行河长制。把水生态建设工程摆在水利改革发展的首要任务，创新河湖管护工作，巩固提升河长制。搭建了河长制组织体系，健全了三级河长制，建立了部门协作机制，形成了河长办牵头协调，各部门集中统一行动的工作机制。完成了区域划分管理，明确了各级河长及巡查员的管护职责，同时，建立了河湖管护工作考核制度。实行综合治理、强化管理。落实了河湖日常管护工作，建立了巡查制度。强力推进"清河行动"，重拳整治不达标水域，全区境内河库清障、退圩、绿化和保洁等日常管护工作基本到位。同时，严厉打击涉河违法行为。开展联合执法行动，对非法滥采开矿、肆意排污等案件进行了查处，持续开展清河专项整治行动，深入开展"河道采砂专项整治、水环境专项整治、清河行动专项整治"等在内的涉及水生态环境专项治理工作，保护水域生态环境。

（2）全力推进水利工程建设。坚持以流域为单元，全力推进生态流域综合治理，按照山水林田湖草系统治理的思想，统筹采取综合措施治理保护，构建生态安全屏障。为强化流域生态综合治理，以萍水河流域生态综合治理示范项目为重点，大力加强区域内流域生态综合治理工作。进行全区范围内病险水库的高标准除险加固、防洪工程、村段河道整治等工程。启动实施大沙江水库引水工程建设等抗旱应急水源工程和农村安全饮水工程，每年水利建设投资近亿元，为水生态文明示范区建设提供强有力的水利支撑。

（3）以促进水资源良性循环发展为目标。严控水资源制度体系警戒线，深入落实最严格水资源管理制度强化水资源管理。建立水资源开发利用控制红线，严格实行用水总量控制，严格取水审批，严格开展水资源论证工作，开展取用水计划管理，大力查处违法取水行为；建立用水效率控制红线，坚决遏制用水浪费，强化用水定额管理实施管网优化改造工程，降低城镇供水管网漏损率，加强农业用水管理，制定节水强制性标准；建立水功能区限制纳污红线，严格控制入河排污总量。建立起区、镇两级部门联动协调机制，切实加强入河（湖）排污口监督管理，不断加强水功能区监督管理，严格入河排污口监督管理，大力加强工业废水排放管理。开展湘东区地表水资源分级监测，定期向社会公布监测成果，增加透明度，接受社会监督，共同加强水环境的监督管理。

3. 亮点三：打造全国农村三产业融合示范

湘东区农业局认真落实中央、省、市关于"三农"工作的决策部署，坚持问题导向，突出改革创新，着力发展现代农业，强力推动传统农业向现代农业转型升级，采取"园村融合、城乡上下融合、企民融合"共融共享理念，通过"部门融合、资金融合、产品融合、政策融合"的融合发展路径，主动适应经济发展新常态，按照提质增效，创新驱动总要求，以强农业、富农民目标，以田园综合体园区建设为主引擎，以现代农业示范园区建设为主旋律，着力实现一二三产业融合发展。2019年1月12日，湘东区入选全国农村一二三产业融合发展先导区创建名单。通过第一、第二、第三产业的融合渗透和交叉重组，实现了产业的标准化、规模化发展，更促进了产业联动，升级了区域经济实力。至2019年，全区有国家级龙头企业 1 家、省级龙头企业 9 家、市级龙头企业 23 家；农民专业合作社 398 家，其中国家级示范社 5 家、省级示范社 10 家、市级示范社 32 家，获评省级现代农业示范园区 3 个，市级现代农业示范园区 3 个。具体措施有：

（1）规划布局设计，搭建农村三产融合平台。持规划先行、科学布局，高起点推进农村一二三产业融合发展。湘东区委、区政府先后组织相关专家和专业院校编制了《湘东区农村一、三融合规划（2017—2020 年）》、《湘东区百里特色农业休闲观光带规划》、《湘东区加快现代农业产业发展规划（2016—2020 年）》，组织相关专家、各职能部门对项目审批、建设内容、实施措施、项目管理与资金管理等进行研究论证，编制《湘东区农村一二三产业融合发展先导区创建实施方案》，有力有序推进农村一二三产业融合发展先导区创建工作。

（2）龙头带动集群发展，创建农村三产融合模式。坚持抱团发展，高标准推进农村一二三产业融合发展。湘东区委区政府在前期深入调研和广泛征求意见的基础上，严格要求，科学选定基础好，实力强的龙头企业作为三产融合示范创建实施主体，鼓励引导湘东区七彩生态农业科技有限公司、江西一统农林科技有限公司等龙头企业参与示范创建工作，形成了龙头带动、集群发力推动农村一二三产业融合先导区创建工作的良好格局，探索创建三产融合发展新模式。

（3）强化农业科技，增强农村三产融合支撑力。湘东区以科技兴农，全方位加强农业科技服务，为发展现代农业提供科技支撑。湘东区持续加强示范推广和农民培训，不断提高农业产业化水平。通过水稻新品种展示、院士油菜新品种试验、农机全程机械化等技术示范推广活动，以示范带动农业增效、农民增收。在农业生产季节，抓住生产各个关键环节，编写粮食生产培训与推广技术资料，组织多种形式技术培训工作。全力支持协助天涯种业与农业科研院校合作，推进种业科研基地建设，为打造育繁推一体化种业龙头打基础。

（4）创新融资机制，拓宽农村三产融合筹资渠道。为解决村集体自主

146

经营资金不足、人才缺乏等问题，通过土地经营股份合作，农民参与农业产业化经营、合理分享二三产业增值收益。并且充分利用产权制改革成果，形成利益均沾的产业模式，使大家形成一个利益共同体、命运共同体。在推进产业融合发展过程中，建立多形式利益联结机制，鼓励发展股份合作，探索形成以农户承土地经营权入股的股份合作社、股份合作制或股份制企业利润分配机制，让农户分享加工、销售环节收益。同时，健全风险防范机制，确保土地流转双方合法权益。

（5）健全监管责任机制，保障农村三产融合项目运行。在项目选择上，采取"自愿申报、择优入选"原则，建立全区一二三产业融合发展示范创建项目库。在项目立项上，按照"公开竞争、专家评审"方式，组织有关部门和专家对竞选项目进行实地考察评审，选择项目依法依规予以立项。同时健全日常监管机制。制定日常监管办法，将财政扶持农村一二三产业融合发展资金全部纳入设立的区财政三产融合产业发展专户，实行专账核算，封闭运行，确保项目建设和资金正常安全运行。

4. 亮点四：建设生态文明示范基地

湘东区按照新时代生态文明建设新要求，牢固树立社会主义生态文明观，践行绿水青山就是金山银山的理念，大力开展生态文明探索模式，积极打造生态文明品牌。突出特色，打造湘东生态样板。近年来，湘东区获批省级生态文明示范基地3个，分别是麻山幸福村、腊市一河两岸和锦旺农林。下一步，湘东区发展改革委以打造生态文明试点示范基地为抓手，通过示范基地的示范、突破、带动作用，进一步推动湘东区生态文明建设。麻山幸福村地处江西省萍乡市湘东区东部，依山傍水，风景秀丽，以区域内林果业、农业特色种植、养殖为基础的"农家乐"乡村旅游基地，被誉为"萍城后花园"。景区内现有游客接待中心1处，32户农家乐住宿餐饮接待户，可同时接待500人；共建设完成860亩葡萄基地，350亩无公害蔬菜基地，100亩草莓基地，橘、栗、梨等百果园200亩，150亩山花园艺场，观赏鱼、龙虾等水产养殖基地；有腰鼓队、军鼓队、狮灯、龙灯、民乐等地方传统体育文化展示；有萍乡老三篇、四大土酒、茶叶、萍乡腊肉、萍乡花果等土特产销售，搭建了葡萄走廊，铺设了观景小道并修建了公厕、景观桥等。2018 年，幸福村产值超亿元，人均纯收入 2 万余元，2019 年，幸福村被评为江西省 AAAA 级风景区。具体措施如下：

（1）加大资金投入，强力建设基础设施。科学规划特色生态产业结构，加大资金投入，用于基地产业道路、水利设施、苗木补购等建设。投资 2800 余万元对沿河两岸进行景观带建设，投资 4000 余万元建设幸福村游客接待中心、生态停车场、安保中心等工程，抓好幸福村基础设施建设项目的创建工作。

（2）依托生态优势，建设特色生态农业。依托良好的生态基础，调整农业产业结构，加快发展特色高效生态农业。集中连片打造一批果蔬、休闲观光为主的特色基地，着力提升望梅湖杨梅基地、七彩葡萄基地等一批有影响力的产业基地。大力发展无公害、绿色、有机食品，积极推介七彩葡萄新工艺酿酒等地方特色品牌，精心打造属于麻山的农业品牌；发展"互联网+农业"，制定农村电商发展规划，为实现电子商务提供技术支持。

（3）加强农业管护技术，推广环保绿色种养模式。发挥高效示范培育带动作用，加强高效管护技术培训，请专业技术人员指导农户施肥、除草、涂白、修剪和病虫害防治等，推广生物农药应用、物理诱虫设施安装等生态绿色环保种养模式，推动基地"标准化、示范化、优质化"建设。

第七章
创新引领区域生态文明建设经验：
以新余市渝水区为例

　　创新引领区域不具备良好的生态优势、浓厚的文化底蕴和扎实的产业基础，面临经济总量不大、竞争实力不强和政策支撑不多的制约，但是细分领域特色明显，生态文明建设目标明确，后续发展潜力十足。创新引领区域大刀阔斧推进生态文明建设就是寻求一条高质量跨越式发展之路。要以更大的力度、更实的措施推进生态文明建设，这就要求推进生态文明建设，要勇于突破，敢于创新。创新是生态文明建设的原动力和主支撑，只有坚持创新驱动发展，才能把住生态文明建设的短板，牵住加快生态文明建设的牛鼻子，为新阶段推进生态文明建设找到关键性的着力点，为实现碳达峰、碳中和目标以及经济社会可持续发展提供坚强保障。

　　全国范围内创新引领区域生态文明建设，各显神通、各具特色、各有成效，如福建的"顺昌模式"、江苏的"金湖模式"、贵州的"普定模式"等。这类型区域的生态文明建设充分发挥创新引领作用，在生态产业体系的构建和发展上，在生态环境保护和治理模式上，在生态文化传播与普及上，在生产生活方式绿色转型上，利用技术创新、模式创新、制度创新，不断赋予生态文明建设新的内涵，不断拓展生态文明建设新的边界，不断发挥生态文明建设新的效果。

　　新余市渝水区作为创新引领区域的代表，是一座新兴工业城市，正处在跨越赶超、转型升级的关键阶段，虽然经济质量不断提高、总量加速扩容、全省位次前移，但仍存在产业层次偏低、结构不优、聚而不强等困难和问题。为了破解上述难题，渝水区坚持创新在现代化建设全局中的核心地位，深入实施创新驱动发展战略，以创建国家生态文明示范区为目标，坚定不移走生态优先、绿色发展之路，坚持打通"绿水青山"与"金山银山"的双向转换通道，纵深推进生态文明建设。

一、渝水区的基本情况

（一）资源环境基础较佳

渝水区位于江西省中部偏西，新余市东部，袁河中下游，新余城区所在地，辖10镇6乡6个街道办事处，辖区总面积1775平方千米，2020年，户籍人口85.2万。渝水区属亚热带湿润气候，四季分明，气候温和，阳光充足，雨量充沛，无霜期长，严冬极短，土地肥沃，2020年，森林覆盖率近50%。适宜多种农作物生长，主要盛产水稻、棉花、油茶、花生、芝麻、柑橘、茶叶等。境内拥有丰富的矿产资源、水资源和生物资源。矿藏资源主要有煤、铁、金、铜、锰、钨、石灰石、硅灰石、大理石、石英石、瓷土等30多种，其中铁矿、硅灰石、大理石的储量占有一定的地位，硅灰石储量列全国第二。渝水境内自然风光与人文景观交相辉映，依山而建构造别致的抱石公园，山水交融、千姿隽异的仙女湖风景名胜区。城北郊的仰天岗森林公园环境优雅，众多名胜古迹、历史遗迹、神话传说、寺院庙宇等吸引八方游客。革命传统教育基地有罗坊会议纪念馆，蒙山、百丈峰等一批生态型、休闲型观光度假基地，旅游产业基础佳。

（二）城市建设较科学合理

渝水区坚持规划先行，加快构建科学合理、系统完备的城乡建设规划体系。同时渝水区非常注重加强基础设施建设，交通、邮电、供电、供水、供气等基础和生活服务设施日臻完善。境内电力充足，乡乡通油路，村村通水泥路，程控电话、光缆传输网覆盖城乡各地。城乡公交服务水平不断提升，2020年，全区拥有城乡公交车177辆，有乡镇客运站4个，客运招呼站256个。实行城乡公交企业新增购买车辆申请报批制度，确保了全区新增购买的城乡公交车全部为纯电动新能源公交车。

（三）经济发展基础较坚实

渝水区以新型工业化为核心、现代农业和现代服务业为重点的绿色产业体系。渝水区采用先进适用节能低碳环保技术改造提升钢铁、机械化工、建筑建材等传统产业。依托现有工业产业基础，以钢铁为首位产业，以光电信息、非金属材料为主导产业，以医药健康、消防器材、装备制造等产业为特色产业，大力构建"1+2+N"现代化工业体系，打造全省产业转型示范区。借助丰富的绿色资源，重点打造新余蜜橘、高产油茶、有机蔬菜、有机稻等优质、安全农业绿色品牌，构建生态有机的绿色农业体系。在提档金融、物流、旅游等服务业的同时，大力培养健康养生、养老、文化创意等新兴服务产业，推动服务主体绿色化、服务过程清洁化，构建集约高效的绿色服务业体系。2020年，地区生产总值为608.03亿元，按可比价格计算，增长3.0%，其中，第一产业增加值34.43亿元，增长2.4%；第二产业增加值284.63亿元，增长3.2%；第三产业增加值288.97亿元，增长2.9%。渝水区获评全省工业高质量发展先进县（区），连续七年被省委、省政府评为高质量发展考核先进区，连续三年被评为全省利用外资先进县（区）。

（四）科技创新驱动力较强

近年来，渝水区委区政府始终把科技创新作为发展经济和社会事业的动力，深入贯彻落实党的十九大精神，以科技创新为核心，深入实施创新驱动发展战略，提升科技服务，强化高新技术产业培育，加快科技创新体系建设，打造"互联网+"科技服务新模式。2015～2017年，连续三年被评为全省专利十强县；2018年，成功入选第一批省级创新型区建设试点名单，制定了《新余市渝水区创新型县（市）建设方案》，积极开展创新型区建设试点工作，构建完善区域科技创新体系，推动科技创新在经济社会发展中的支撑引领作用；高新技术企业、省级工程研究中心、省级重点新产品、专利等数量大增，2019年，以"优秀"等次通过国家知识产权强县试点工程验收，县域科技创新能力考评位列全省前列。

渝水区大力推行创新服务平台建设，于2017年，启动渝水区科技云平台建设，2019年6月，在全省率先推出了渝水科技云平台APP，逐步形成渝水区科技创新服务体系，打造区域性科技创新中心，并先后出台了《渝水区科技创新发展专项资金管理办法（试行）》、《渝水区科技云平台成交项目专项补助政策实施办法（试行）》、《渝水区"科创券"管理暂行办法》等，政策支持极大地增强了渝水区企业科技创新的积极性。

（五）机制创新基础较强

"先工业化、后生态化"的传统思维或路径，将会面临日益增加的体制性约束和大众性抗拒，自2015年以来，国务院相继出台了《关于加快推进生态文明建设的意见》《生态文明体制改革总体方案》等纲领性文件，明确了生态文明体制改革的"四梁八柱"。渝水区积极构成产权清晰、多元参与、激励约束并重、系统完整的生态文明制度体系，推进生态文明领域治理体系和治理能力现代化，努力走向社会主义生态文明新时代。构建归属清晰、权责明确、监管有效的自然资源资产产权制度，着力解决自然资源所有者不到位、所有权边界模糊等问题。构建以空间规划为基础、以用途管制为主要手段的国土空间开发保护制度，着力解决因无序开发、过度开发、分散开发导致的优质耕地和生态空间占用过多、生态破坏、环境污染等问题。构建覆盖全面、科学规范、管理严格的资源总量管理和全面节约制度，着力解决资源使用浪费严重、利用效率不高等问题。构建反映市场供求和资源稀缺程度、体现自然价值和代际补偿的资源有偿使用和生态补偿制度，着力解决自然资源及其产品价格偏低、生产开发成本低于社会成本、保护生态得不到合理回报等问题。构建充分反映资源消耗、环境损害和生态效益的生态文明绩效评价考核和责任追究制度，着力解决发展绩效评价不全面、责任落实不到位、损害责任追究缺失等问题。

二、渝水区生态文明建设的总体思路

渝水区正处在跨越赶超、转型升级的关键阶段，虽然经济质量不断提高、总量加速扩容、全省位次前移，但仍然存在不少困难和问题：产业层次偏低、结构不优、聚而不强，高技术产业占比不高；地理优势不足，人才与资金要素支持、返乡入渝支持体制不完善；全区环境承载能力不足；保障改善民生的任务艰巨繁重等。为了破解上述难题，渝水区坚持创新在现代化建设全局中的核心地位，深入实施创新驱动发展战略，以创建国家生态文明示范区为目标，坚定不移走生态优先、绿色发展之路，坚持打通"绿水青山"与"金山银山"的双向转换通道，纵深推进生态文明建设，健全生态文明制度体系，优化全区国土空间保护格局，合理配置能源，提高资源利用效率，主要污染物排放总量持续减少，生态环境持续改善，生态安全屏障更加牢固，城乡人居环境明显改善，绿色产业体系基本建成，基本形成绿色生产方式和生活方式，"美丽渝水"全面实现。通过近些年全区上下的努力，渝水区已经打下良好的生态文明与绿色发展的基础，先后荣获国家园林城市、全国首批节能减排财政政策综合示范城市、全国首个合同环境服务试点市、全国新能源示范城市、全国首批水生态文明建设试点城市、中央秸秆综合利用示范城市、国家农村产业融合发展示范园、江西省文明城市、全省美丽宜居示范区、省级农业产业融合试点示范区、省级循环经济示范城市，新余经开区获省级循环经济示范园区，渝水区现代农业示范园评为省级示范园、全省工业高质量发展先进区等一系列生态名片。

渝水区以创新驱动生态文明建设主要聚焦在污染防治和绿色发展两个领域。创新驱动污染防治建设美好的生态环境，为经济绿色发展提供丰厚的生态资产和美好的环境基础；创新驱动经济绿色转型发展，为区域经济高质量发展和生态环境保护提供保障。创新驱动污染防治紧抓源头预防和末端治理两个环节，将过程控制贯穿其中。源头预防主要通过方法创新，让污染源头防治迈上新台阶，具体从工业污染防治、农村污染防治和长江经济带"共抓大保护"三大攻坚战展开；末端治理主要通过模式创新，擦亮生态发展底色新风貌，主要围绕蓝天、碧水和净土保卫战展开。

创新驱动经济绿色发展部分，重点在于促进渝水绿色发展的"六维引擎"，分别是产业维、空间维、制度维、平台维、文化维、要素维，每个维度内部自成体系，维度之间又能相互支撑。其中，产业维是通过科技创新，为经济高质量注入发展新活力，主要从产业生态化转型、产业数字化升级、产业循环化发展、产业融合发展、产城融合发展等方面展开。空间维主要通过管理创新，开辟人居环境治理新路径，侧重城市功能和品质提升、美丽乡村建设、城乡融合发展、城乡综合环境升级等方面内容。制度维主要通过制度创新，保障生态文明提质新征程，具体包括建立资源高效利用制度、健全环境保护和修复制度、生态产品机制实现和转换制度、生态保护监督检查制度等方面。平台维旨在通过平台创新，匠造生态文明建设新典范，主要从整区宏观层面、乡镇村中观层面和企业微观层面三个层面打造渝水区评获国家级、省级典型的生态文明建设相关的试点示范。文化维是通过文化创新，引领生态环境保护新风尚，具体围绕特色生态文明传播、生态文化工程建设和绿色生活方式等方面展开。要素维是通过政策创新，聚焦绿色发展要素新支撑，主要包括金融政策创新、土地政策创新、人才政策创新、科技创新政策和招商政策创新等内容。

154

三、渝水区生态文明建设的具体举措

（一）打好污染防治攻坚战

1. 蓝天保卫战

一是深入推进城市扬尘治理专项行动，渝水对城区内的渝欣苑、德华苑、德政苑、渝康苑项目文明施工进行了重点督导，确保"六个百分之百"目标任务实现。对扬尘治理不达标的施工单位，责令立即停工并限期整改，经复查验收合格后方可复工。二是大力推行绿色交通。实行城乡公交企业新增购买车辆申请报批制度，确保了全区新增购买的城乡公交车全部为纯电动新能源公交车。三是深入推进城市餐饮油烟治理专项行动。针对辖区内餐饮业单位油烟管道下排市政排污管道和是否安装油烟净化设备的情况进行全面排查。四是深入推进工业企业达标排放专项行动。重点对砖瓦窑企业进行专项治理，印发《新余市渝水生态环境局关于开展全区砖瓦窑企业专项环境执法检查的工作方案》，督促企业按照砖瓦窑企业落实大气污染防治相关法律法规要求，配套完善大气污染防治设施，建设烟气在线监控系统，建立完善大气污染防治管理制度，同时加大环境执法力度，确保大气污染防治设施正常运行及大气污染物达标排放。五是持续开展淘汰落后产能整治工作。渝水区相关职能部门认真摸排，制订淘汰和整治计划，政府根据各单位上报计划结合实际分解任务，作为年度考核依据，各职能部门通力协作，结合行业规范、蓝天保卫战、化工园区综合评价、工业炉窑整治、五废共治、环保督察、智能制造、安全生产标准化等各种专项活动，共同推进淘汰落后产能整治工作。

2. 碧水保卫战

一是深入推进农村污水处理专项行动。渝水区通过进一步优化工作机制，理顺工作职责；努力克服疫情影响，倒排工期，有计划、有步骤地推进项目建设；针对项目实施过程中出现的问题，及时组织召开项目指挥部会议，做到问题及时解决。二是建立水污染防治机制。强化畜禽养殖污染整治，严把新建养殖场审批关，完善畜禽养殖长效管理机制。强化水库退养专项整治，加强督导及问题整改，开展库塘清淤、水质检测。进一步完善河长制组织体系建设，加强突出问题督查督办，严格监督检查和考核评估，实现全区河湖保护与治理措施项目化、清单化、长效化。三是加强水质监测断面周边环境整治。渝水区全面禁止在辖区内河道采沙，发现一起，查处一起。四是加强饮用水水源地环境保护工作。渝水区生态环境局积极推进集中式水源保护区划定工作，取得了《江西省人民政府关于同意划定新余市部分农村集中式饮用水水源保护区划定范围的批复》。聘请第三方检测公司对渝水区集中式饮用水源地进行取样检测，保证检测结果的客观性和公正性。

3. 净土保卫战

一是深入推进重点行业企业用地土壤污染状况调查。渝水区利用信息化手段落实任务承担单位及质控单位的质量管理责任，强化布点采样方案审核，严格规范采样过程。压实采样单位内部质控责任，要求在撤场前完成自审内审工作。经过前期空间信息整合、风险筛查和纠偏等工作。二是开展危险废物专项整治行动。重点推进新余生态环境产业园（包括赣西危废处置中心、建筑垃圾处理项目、一般工业固废处置项目）项目建设；加强危险废物监管体系建设。三是深入推进农用地污染防治专项行动。为做好受污染耕地安全利用和严格管控工作，切实加强全区耕地土壤污染防治工作的领导，渝水区成立了耕地土壤污染防治工作领导小组。四是开展涉镉等重金属重点行业企业排查整治工作。按照渝水区区污染源排查清单，对污染源企业逐一进行了现场检查，重点检查了企业环保手续、污染治理设施运行、重金属污染物排放、无组织排放、"散乱污"情况及关停搬迁和历史遗留等方面情况。并分发了环保宣传手册，进一步增强了企业对涉镉等重金属、危险废物等方面的认识与环保宣传。

4. 长江经济带"共抓大保护"攻坚战

一是落实环保督察整改任务。渝水区加大力度督促各乡镇（办事处、管委会）落实中央、省环保督察整改责任，指导做好具体问题的销号工作。二是加快推进生态环境污染治理。按照"一江一河一渠"整治工作方案，渝水区联合相关部门开展沿孔目江的清河行动，2019年，投入136万元用于购买船只打捞水体垃圾，2020年，投资270万元用于袁河段治理，并建立了长效管理机制。

（二）拓宽绿色发展道路

1. 发展"生态+"工业，促进产业转型升级

一是优化调整工业产业结构培育新动能。重点发展高新技术企业、战略性新兴企业、新能源企业发展。二是引导企业实施技术改造和装备升级。推进制造业数字化智能化改造，发展先进制造业集群，建设绿色制造体系，培育一批绿色工厂、绿色园区、绿色设计产品和绿色供应链企业。加大能耗双控、碳排放双控制度对工业绿色转型的引导，依法在"双超双有高耗能"行业实施强制性清洁生产审核。通过实施"百企技改"，促进渝水区工业向数字化、信息化、智能化发展。三是着力推进工业企业清洁生产。为贯彻落实工业产业结构调整、能源节约和资源综合利用、清洁生产的方针政策，渝水区积极参与制订全区工业能源节约和资源综合利用、清洁生产促进工作方案并组织实施，促使区内企业完成清洁生产审核评估工作，并建立清洁生产企业名单。

2. 发展"生态+"农业，构建绿色产业链

一是深化农业供给侧结构性改革。渝水区紧抓农业标准化生产，把开发无公害、绿色、有机农产品作为"低碳农业"的发展方向，大力推进绿色无公害农产品产业基地建设，积极扶持绿色种养业、林果业及绿色农产品加工企业的发展，并通过积极申报"三品一标"认证，打造品牌知名度

和影响力，形成了一批具有一定规模和知名度的绿色农产品品牌。二是推进一二三产业融合发展。渝水区成功入选江西省 2019 年第一批 5 个秸秆综合利用试点县（市、区）；继续推进正合公司生态循环农业、欣欣荣科技有限公司农业废弃物综合利用等项目建设；加快构建罗坊镇农业产业联盟，形成了以有机水稻、新余蜜橘、花卉苗木、无公害蔬菜、白莲、中药材等特色产业格局。

3. 发展"生态+"服务业，创造绿色 GDP

一是着力创建旅游品牌。2019 年，渝水区成功创建省级全域旅游示范区。2020 年渝水区有罗坊会议红色景区国家 AAAA 级旅游景区 1 个，良山镇下保景区江西省 AAAAA 级乡村旅游点 1 个，芦茅沟、仙来山庄、锦园 3 个省 AAAA 级乡村旅游点，鲜果红、八〇农庄、鹊桥村等 8 个省 AAA 级乡村旅游点。二是打造"互联网+"科技服务新模式。2019 年，渝水在全省率先推出了渝水科技云平台 APP，最新的通知公告、项目申报、奖励兑现等都将第一时间在 APP 上发布，企业随时随地都可在手机上进行操作。实施建设农村邮乐购站点、阿里巴巴农村淘宝电商服务站和益农信息社工程三大工程，农村站点基本实现了乡镇村全覆盖。三是加快构建绿色金融服务体系。一方面，加强绿色金融产品创新。在风险可控和商业可持续的前提下，创新能效信贷担保方式，鼓励驻区银行业金融机构以股权质押、应收账款质押、知识产权质押等方式，开展信贷业务。大力推广"财园信贷通""财政惠农信贷通"，积极推进农村"两权"抵押贷款、林权抵押贷款。另一方面，优化纳税服务。渝水区税务局认真落实党中央、国务院决策部署，聚焦渝水区传统行业税收及工业园区税源培植情况，提交有质量的专题税收分析报告。运用税收大数据帮扶企业，帮助企业畅通购销渠道。

4. 打造生态文明示范样板，发挥引领作用

一是推进秸秆综合利用试点项目。渝水区 2021 年成功入选为江西省 2021 年农作物秸秆综合利用产业模式县（市、区）。2021 年 9 月，渝水区人民政府印发了《渝水区 2021 年农作物秸秆综合利用产业模式县试点项

目实施方案》。二是打造城乡融合发展示范点。做好了"侬小美"农家乐提档升级工程摸底工作，已经申报成功的单位共七家：南安百丈峰农家乐，人和金融食府，稽诞颖江诞饭店，良山敖家村委金池甲鱼院子，下保老大队食堂，下村何家饭店，珠珊龙门山庄。对所有申报成功的商家都进行了组织学习，责令其按市级文件精神做好改造提升工作。

（三）强化体制机制建设

1. 建立资源高效利用制度

一是建立严格的资源管理和节约制度。遵循节约、集约、循环的原则，推进自然资源统一确权登记工作，健全自然资源产权制度，明确各类自然资源产权主体权利。建立资源总量管理和全面节约制度，完善耕地保护制度、土地节约集约利用制度、水资源管理制度、能源消费制度，建立天然林、湿地保护制度，健全矿产资源开发利用管理制度。二是实行资源总量和强度双控行动。要求强化约束性指标管理，实行能源和水资源消耗、建设用地等总量和强度双控行动，建立目标责任制，合理分解落实。按污染者使用者付费、保护者节约者受益原则，建立双控的市场化机制，预算管理制度、有偿使用和交易制度，更多地采用市场手段实现双控目标。三是完善资源循环利用制度。实行生产者责任延伸制度，推动生产者落实废弃产品回收处理等责任。完善再生资源回收体系，实行垃圾分类回收，加快建立有利于垃圾分类和减量化、资源化、无害化处理的激励约束机制。推进产业循环式组合，促进生产系统和生活系统的循环链接，构建覆盖全社会的资源循环利用体系。

2. 健全环境保护和修复制度

一是实施"河长制"。渝水区充分发挥部门联动作用，积极构建区域与流域相结合的区、乡、村三级河长制组织体系，并建立各相关部门参与的河湖保护管理联合执法机制。通过分片包干、责任到人，全面落实河流治理任务，推动"河长制"工作常态化、长效化。二是全面推行"林长制"。渝水区以实现森林资源"三保、三增、三防"为目标，落实完成构建区、乡、村"三级"林长制管理体系和构建行政村林长、监管员、护林员"一长两员"的森林资源源头管理架构;并明确各级林长办公室和及时向社会公布林长名单及责任区域,设置竖立了林长制公示牌。三是探索推进"路长制"。渝水区全面落实"党政同责、一岗双责、失职追责"制度,以乡镇为网格划分路段实行"一路一长"治理模式,对网格内道路及周边区域,进行全方位、全天候、全覆盖巡查处置,确保道路管理没有盲区、责任没有空白、管理没有漏洞,全面消除农村环境脏乱差现象。

3. 完善行政执法和刑事司法衔接机制

一是推进生态环境保护综合执法。渝水区着力推动环境领域的"行刑衔接"工作,建立并完善信息共享、交流互动机制。新余市公安局渝水分局、检察院、法院等部门加强与联动,加大联合打击力度。二是持续推进野生动物保护工作。严惩非法捕杀、交易、食用野生动物行为,组织宣传活动,宣传野生动物保护相关法律法规政策文件,普及野生动物保护科学知识,倡导文明、绿色的生活方式和消费模式,对餐饮企业的食材、菜单进行检查和劝导。三是健全环境公益诉讼工作机制。渝水区成立了仙女湖法庭,建设环境资源审判专门机构,探索"三审合一"集中审理机制。

四、渝水区生态文明建设的整体成效

(一)生态环境显著改善

渝水区坚决贯彻落实习近平生态文明思想和"打造美丽中国江西样板"要求,2017年,被评为省级生态文明建设示范区。2018年以来,渝水区坚决打好蓝天保卫战、碧水保卫战、净土保卫战和工业污染防治攻坚战、农业农村污染防治攻坚战、长江经济带"共抓大保护"攻坚战,生态环境状况指标进一步提升。2020年，渝水区环境空气质量优良天数比例为95.36%，较上年同期上升3.85个百分点；细颗粒物（PM2.5）浓度均值为31微克/立方米，较上年同期下降12.93%，已达到国家二级标准（PM2.5年平均浓度35微克/立方米）；孔目江江口、浮桥、罗坊、下蒋家四个断面水质均值达到Ⅲ类及以上标准，达到地表水断面水质目标，城镇集中式生活饮用水源地水质达标率100%，城乡生活垃圾无害化处理率达100%。生态文明制度体系越来越完善，生态补偿、生态环境保护巡察、领导干部自然资源资产离任审计等制度建设不断完善，"路长制"、"河（湖）长制"、"林长制"等成效显著。被评为国家森林城市、全省绿色社区、绿色低碳示范县。2020年，新建成国家级生态乡镇8个、省级生态乡镇4个、生态村6个。

（二）经济高质量发展

2020年，渝水区主要经济指标增速连年位居全国"第一方阵"，经济总量突破600亿元大关，人均地区生产总值达到1.35万美元，税收质量连续五年位居全省前列，全社会固定资产投资总额累计超过1600亿元，增长8.7%；规模以上工业增加值增长6.1%；社会消费品零售总额增长2.7%。财税运行稳中提质，实现财政总收入43.54亿元、增长3.3%，一般公共预算收入22.8亿元、增长2.9%，税收占比分别达92.3%、85.3%，收入质量位居全省前列。渝水区连续七年被省委、省政府评为全省高质量发展先进县（区）。2020年新余经开区被列为全省优化营商环境十佳工业园区。渝水区荣获2020年度全省工业高质量发展一类先进县（市、区）。高新技术企业、省级工程研究中心、省级重点新产品、专利等数量大增，以"优秀"等次通过国家知识产权强县试点工程验收，县域科技创新能力考评居全省前列。

（三）生态产业体系日趋完善

1. 工业经济提质增效方面

渝水区出台工业高质量发展实施意见，"1+2+N"产业体系日趋完善，获评全省工业高质量发展先进区。2020年，渝水区规模以上工业企业143户，完成工业增加值68.48亿元，同比增长6.1%，完成工业总产值304.1亿元，实现营业收入299.06亿元。2020年，新增入规工业企业18家、高新技术企业18家、省级瞪羚（潜在）企业3家、省级"专精特新"企业10家，获批专利授权17件、各类科技项目50个，瀚德科技被评为全省智能制造标杆企业，"天凯乐"荣获新余复市以来第5件"中国驰名商标"。

2. 服务业多点突破方面

渝水区获评全省旅游产业发展先进区、全省绿色金融先进区。百丈峰景区被列为全省旅游避暑目的地。罗坊会议国家AAAA级景区、下保省AAAAA级乡村旅游点创建稳步推进。赣西民俗风情街、老上海风情街等消费街区开业运营。2020年，"宅经济"、"直播带货"等新模式、新业态蓬勃发展，信息传输、软件和信息技术服务业增长10.9%。

3. 现代农业特色彰显方面

渝水区获评全省农业农村综合工作先进集体、全省粮食生产先进集体。2020年，完成粮食播种面积78.72万亩，粮食总产量达3.35亿千克；建成高标准农田32.91万亩，农村土地流转率达52.63%。同时做优做强区域粮食品牌，将水稻订单种植面积提升至17.8万亩，完成轻中度污染耕地安全利用和治理修复面积5.4万余亩，完成重度污染耕地种植结构调整7480亩。秸秆综合利用、农业生态与资源保护工作获全省通报表扬。

（四）城乡环境一体化加强

作为省级产城融合示范区，渝水"拆三房建三园"工作成效显著，老旧小区"EPC+O"改造成为全省样板，在全省率先实现城乡供水、公交等一体化。城乡环境综合整治年度考核位列全省第八名。全国文明城市、国家卫生城市和国家食品安全示范城市"三城"同创扎实推进。农村面貌全面改善，农村厕所革命、颐养之家、晓康诊所等一批基础设施和公共服务设施建设实现乡镇全覆盖。渝水区农村产权交易中心挂牌成立，建成高标准农田32万亩，获评全国农村承包地确权登记颁证工作先进区、全省乡

村振兴战略绩效考核先进区。农村电商交易额位居全省前列。此外，健全
农村环境治理体制机制，出台了《渝水区乡村环卫第三方治理实施方案》、
《渝水区城乡污水处理工作实施方案》，推动城乡一体化发展。

（五）生态示范试点增加

新余市（渝水区）先后荣获国家园林城市、全国首批节能减排财政政
策综合示范城市、全国首个合同环境服务试点市、全国新能源示范城市、
全国首批水生态文明建设试点城市、中央秸秆综合利用示范城市、国家农
村产业融合发展示范园、全省农村人居环境整治试点区、全省美丽宜居示
范区、全省农村生活垃圾分类试点区、江西省省级农业产业融合试点示范
区、江西省级循环经济示范城市、江西省第二批绿色低碳试点县（市、
区）；新余经开区获省级循环经济示范园区、渝水区现代农业示范园评为
省级示范园；下保村荣获全国文明村镇、全国美丽宜居村庄示范、中国美
丽休闲乡村、全国第一批绿色村庄、全国改善人居环境示范村、国家森林
乡村、全国乡村治理示范村、江西省 AAAA 级乡村旅游景点、江西省第一
批生态文明示范基地；江西正合公司列入江西省第一批生态文明示范
基地。

五、渝水区生态文明建设的特色案例

渝水区作为新兴工业城市的代表，正处在跨越赶超、转型升级的关
键阶段，为了破解产业层次偏低、结构不优、聚而不强等难题，渝水区
坚持创新驱动在现代化建设全局中的核心地位，深入实施创新驱动发展
战略，以创建国家生态文明示范区为目标，坚定不移走生态优先、绿色
发展之路，坚持打通"绿水青山"与"金山银山"的双向转换通道，纵

深推进生态文明建设。过程中有许多典型案例值得提炼和总结,下面从科技创新、管理创新、制度创新和文化创新等方面分别选取特色案例进行详细分析。

(一)科技创新案例

1. 亮点一:正合循环农业

江西正合生态农业有限公司坐落于渝水区罗坊镇,是一家致力于农村能源、农业环保、科技创新、有机肥生产、农业开发等领域的公司。公司坚持"政府引导,企业主导,市场运作"原则,成功打造了正合"N2N"区域绿色生态循环农业发展模式。公司承担着渝水区上百家养猪场粪污处理的任务,并以沼气发电为核心,为周边地区供气、供电和生产有机肥。企业可满足 10 万亩农田施用有机肥、沼液肥的需求,每年发电 2000 万度,并供应罗坊镇全镇 6000 余户居民用沼气燃气。2016 年,江西正合环保工程有限公司获得江西省第一批生态文明示范基地称号。具体做法如下:

(1)加强技术合作,推动科技自主创新。江西正合公司通过与奥地利保尔公司、瑞典碧普公司合作,以中国农业大学、同济大学、江苏农科院、江西农科院为技术依托,引进并消化吸收多原料混合共发酵技术、纤维水解技术、高温生物降解技术等关键技术。并且通过自主科技创新,提升了沼气工程技术、有机肥生产技术、智能监控技术、养殖全量收储运体系等技术水平。

(2)创新生产模式,促进农业循环发展。"N2N"模式是对传统"猪—沼—果"模式的转型升级,第一个"N"是指养殖业子系统,代表的是 N 家养殖企业;"2"是指处理中心,代表的是农业废弃物资源化利用中心和有机肥处理中心;第二个"N"是指种植业子系统,代表的是 N 家农业企业、种植大户和合作社。此模式通过中间的两个资源循环利用转化核心,成功地将上游的种养殖业废弃物产生端与下游资源再生产品应用端结合,可以推动养殖和种植各产业链的无缝衔接,达到三位一体发展生态循环农业的目的。

（3）完善监控体系，建设智慧农业平台。为实现"N2N"区域生态循环农业园的生产信息化、管理智能化、销售商务化、配送物流化的目标，对基础数据进行有效监控。公司建设在线监控和实验室，完善基础数据监控体系建设，实现生产过程中的信息化、数字化建设。智慧农业综合服务云平台建设，包括1个面向政府的综合服务平台、N个专业化子系统和1个智慧农业监测与控制展示中心。通过农业物联网关键技术的突破和应用示范点的建设，完成在重点产业中的示范点接入新余智慧农业综合服务平台，实现了新余市所有农业物联网示范企业的平台统一接入。

2. 亮点二：瀚德科技"5G+数字工厂"

瀚德科技有限公司是一家集研发、生产、销售滤清器为一体的企业，具有全国最大的汽车滤清器生产基地。企业目标是通过加大工业互联网技术研发力度，形成汽车零部件行业的核心数字制造技术。2019年，瀚德科技和中国联通新余市分公司签订全省首家"5G+数字工厂"项目协议，涵盖5G网络覆盖、制造执行系统、工业大数据系统等六大板块。2020年，公司已完成一期5G网络覆盖、智慧仓储货架等工程，可降低生产成本20%以上，良品率提高25%。作为全省首家"5G+数字工厂"，建成投产不到一年，就实现了滤芯月产量200万~400万只的"翻番"，并与德国公司签下一笔6亿美元的出口大单。具体措施如下：

（1）实时采集设备数据，提高产品质量。通过在生产厂区内建设5G基站、部署基础网络，能够有效采集设备数据，及时优化生产状况，有效解决批次性质量问题频发情况。技术创新升级决定了企业的市场竞争力，通过数字技术在厂里的应用，江西瀚德科技生产的产品品质更好、产量更高，即将有更多的产品销往欧美市场。

（2）全智能化设备，提高自动化生产水平。在瀚德科技"5G+数字工厂"生产车间，从原材料到成品各个环节，均采用智能化机器设备代替人工。通过触屏操作工作台，可以实现任务生产计划设置、生产任务下达、生产加工执行等各环节的指挥，可获得生产任务、产量进度、设备状态等实时数据，实现智能操控、自我诊断、数据分析等功能。提高企业生产效率27%，滤清器日产能由1.2万只提升到1.6万只。

（3）全数字化管理，推动企业转型升级步伐。瀚德科技在"5G+VR"、"5G+生产远程视频监控"、工厂内部的设备智能化管理和控制、智慧仓储与物流管控、智慧物流都有应用，实现生产全数字化管理，向熄灯工厂迈进，提高产品良品率25%以上，降低生产管理成本20%以上，并降低用人成本，解决招工难等问题。

（4）大数据分析，提升企业核心技术。通过工业互联网平台进行工业大数据整理分析数据，融合精益、PDCA、价值流等理念对企业进行实时画像，通过工业大数据收集设备数据和信息系统数据，实现数据融合，能够有效采集设备数据，及时优化生产状况，有效解决批次性质量问题频发情况，并通过预测模型和机器学习，为企业智能化转型过程决策提供数据化支撑。

3. 亮点三：互联网促新余蜜橘产销融合

渝水区大力发展新余蜜橘产业，努力培植、开发、做大、做强这个拳头产品，以促进新余蜜橘的生产、加工、销售的一二三产业融合逐步形成了以大型果业集团组建的产业集团为龙头的管理模式。开展新余蜜橘产前、产中、产后全程社会化服务，把新余蜜橘生产与市场连接起来，形成产供销深度融合、贸工农一体化的产业化的新格局。具体做法如下：

（1）通过土地流转和奖补政策，推进蜜橘产业优质化生产。通过土地流转，采用承包、入股、出租、转让等多种形式，快速聚集新余蜜橘的规模经营，2020年，全区现有新余蜜橘10万亩，其中投产面积6.5万亩。为提升蜜橘品质，建立蜜橘新品种引进示范基地，为了发展特早熟及早熟等蜜橘优良品种，对新栽蜜橘面积连片100亩以上的，区财政每亩奖补500元，对高接换种改良品种连片100亩以上的，按每亩200元进行奖补。

（2）线上线下同步销售，打通蜜橘产业营销渠道。着力培育和组建专业营销队伍，鼓励果农和果业企业大胆走出去闯市场、建网络、搞营销，举办新余蜜橘展销会，实现以展促销、以销促产。在做好线下营销的同时，进一步加大与京东合作的力度，努力开通线上国内营销网络，拓宽销售渠道，促进产业发展。涌现出珊娜、蒙山实业、七里果高产果园等多个果业品牌，2020年，总产量达到6.9万吨，远销上海、南京、东北三省，并出口到俄罗斯、东南亚等多个国家。

（3）建立专业化管理队伍，构建产销一体化服务体系。充分发挥蜜橘产业协会在专业化服务、行业监管、行业竞争、农资采购、技术交流、开园采摘时间、销售价格等方面的自律及指导作用，对使用农业违禁投入品、提前开园采摘、恶意开展售价竞争的行为，协同相关部门予以制止或处罚。在七里山果业带、蒙山果业带等蜜橘集中产区，建设一批蜜橘集散中心，扩大果品的贮藏保鲜能力，帮助小户、散户果农实现果品分级分销。

4. 亮点四：南安河流域治理

南安乡作为传统的农业乡，原先水库山塘边畜禽养殖户较多，畜禽粪便沉淀在水库中，难以在短期内自净。为提升南安河水质、保护鄱阳湖生态安全，新余市推出《南安河流域农业面源污染综合治理试点项目》，该项目是新余市首个治理农业环境突出问题的重要项目，重点实施农田面源污染防治工程、畜禽养殖污染治理工程及村庄地表径流污水净化利用工程。该项目总投资3750万元，其中中央资金3000万元，渝水区配套资金750万元，总覆盖耕地面积达到3.67万亩。项目建成运行后，治理区域内实现化肥农药减量20%以上，畜禽粪污和生活污水的处理利用率达90%以上，化学需氧量、总氮和总磷排放量分别减少40%、30%和30%以上。该项目对整个渝水区乃至鄱阳湖流域的农业面源污染治理工作起到有效的示范作用。具体措施如下：

（1）实施农田面源污染防治工程，加强种植业面源污染控制。引导农民采用生态种植技术，全面推广测土配方施肥、使用高效低毒低残留农药及生物农药等先进生产技术，建设生态沟渠、挡水坎、清水台阶，大力推广"稻田+"、"荷田+"等农业生态种养模式，新开挖稻虾、荷鱼等生态种养基地，严格控制种植业面源污染。

（2）实施畜禽养殖污染治理工程，提高有机废物综合利用率。一方面开展沼液综合利用工作，将养殖场与果园有机结合，建设沼液储存池和储存罐，建立长效管护机制，推动养殖场规范运行和沼液综合利用；另一方面推行农作物秸秆综合利用工作，通过科学粉碎还田、收割打捆一体化等方式，推进农作物秸秆直接还田和综合利用。

（3）实施地表径流污水净化利用工程，提升流域环境综合整治水平。通过铺设生活污水收集管网和集中处理设施，新建生活污水净化系统。2020年6月项目已完工，建设一体化化粪池251套、植物—土壤处理系统75立方米、污水一体化处理设施30立方米、污水检查井271个、污水收集和连接管网8955米。打造长塘里、么下、阳家、棉花田四个自然村污水净化示范带，建设一体化化粪池、污水一体化处理设施、污水收集和连接管网等。

（二）管理创新案例

1. 亮点一：奉渝产业园的"飞地经济"

奉渝产业园是江西省省级战略性新兴产业园——江西新余经开区的重要组成部分，对渝水区主动承接长三角发达城市产业转移，打造"飞地经济"的先行区必将产生重大而深远的意义。奉渝产业园区规划用地1000亩，预计总投资额约22.8亿元，一期项目占地面积约260亩，规划四栋办公楼，46栋厂房。园区紧跟"工小美"城市发展战略，主要承接上海装备制造、新材料、医疗器械等产业，建成投产后，可实现年销售收入50亿元，提供劳动就业机会约2000人，年税收3亿元。具体做法如下：

（1）创新"双向飞地经济"模式，拓展新发展空间。为促进产业转型升级，渝水区打破区域限制，创新培育"双向飞地经济"模式，以上海为"飞出地"，在上海成立长三角经济服务中心，打造渝水乃至新余企业走出去的研发高地、高端人才服务渝水的聚集地、承接东部地区产业转移的桥头堡；同时以渝水区为"飞入地"，在新余经开区建设奉渝智能装备制造项目，打造"反向飞地"产业发展新模式，开创研发在上海、孵化在上海、生产在渝水、效益在渝水的新发展空间。

（2）优化营商环境，打造"母亲式"服务。为促进项目落地，早日投产见效，园区全面推行一线工作法，机关干部挂点帮扶企业，通过网格化管理，精准化帮扶，打通服务企业最后一公里；充分利用仙女湖夜话、百丈峰会、企业家协会等与企业面对面交流，帮助入园企业解决难题；在长三角经济服务中心设立一站式服务窗口，为企业提供政策咨询、注册、财税、金融、工商、科技申报等服务，以优质服务让企业"最多跑一次"。

2. 亮点二：合同环境服务

新余市政府部门将环境治理交给专业环保公司，通过签订环境服务合同，实现环境治理的低成本高效率，探索出一条更有效的环境治理的新路径。2012 年 3 月，江西新余市政府与永清环保股份有限公司签订了《合同环境服务框架协议》；2012 年底，新余市获批成为全国第一个合同环境服务试点地级市，永清环保成为综合环境服务商，开创了我国政企合作应对环境问题的新模式，这是全国第一个地级市和环保企业实行"政企合作"的大型综合环境服务项目。项目中包括新余市生活垃圾回收清运及发电、袁河工业平台与仙女湖共建污水处理厂、新钢公司烧结脱硫、重金属治理及生态修复、农村环境连片整治、仙女湖湖泊生态环境保护治理、空气质量自动监测系统 7 个试点项目。2013 年 3 月，新余与永清环保签署生活垃圾焚烧发电项目协议，该项目采用减排量采购模式，总投资 2 亿元，2014 年底建成，建成后可形成 500 吨/日的垃圾处理规模。2020 年 3 月，新余市城管局与永清环保签订了新余垃圾发电二期 BOT（建设—经营—转让）项目，该项目总投资约 1.66 亿元，建成后可日处理垃圾 300 吨。自项目实施以来，试点项目有序推进，有效改善城市环境，提升环境监管水平，并促进了环保服务产业快速发展。具体做法如下：

（1）成立专项基金，提高政府资金的运用效率。新余市成立合同环境服务发展基金，通过基金规范化的管理平台及社会化运作，提高财政资金和政策性资金的运用效率。同时为产业和社会资本带来资金支持，降低融资难度，为其他社会资本提供规范、市场化的资金平台。此外，对合同环境服务推出财政、税收及其他优惠政策，从财政、税收、人才等方面予以扶持，加大对合同环境服务企业的支持力度，以推动合同环境服务的快速发展。

（2）进行严格监管，明确政府的定位与职责。新余市准确定位政府在环境合同中的义务和责任。在合同环境服务模式下，政府既是环境服务消费者，同时也是环境监管者。一方面渝水区严格按照合同约定，履行作为环境服务购买者的责任，积极履行环境合同约定的义务。另一方面渝水区践行自己作为监管者的责任，对合同环境服务的实施和验收等一系列行为做到合理的监督和管理，以督促合同环境服务合同的高效运行。

（3）合理选择项目，有序推进环境服务采购工作。由于合同环境服务尚处于试点阶段，新余市在选取环境合同时先易后难，让一些容易出成效，容易量化考核的项目先上马。为全力推进合同环境项目的实施，建立《合同环境服务项目储备库》，对合同环境服务项目实行动态管理，及时调整，并将合同环境服务项目有计划地纳入政府采购目录，有效推进政府购买环境服务工作的开展。

3. 亮点三：智慧城市

2013年8月，新余市入选国家智慧城市试点城市，现在从基础设施到政府管理，从优化环境到服务民生，再到产业发展已经初步形成智慧新余框架。渝水区作为新余市唯一的市区，是智慧新余建设的主战场。经过这些年的建设，渝水区在高速信息网建设、大数据共享利用、交通数字化管理、农贸市场提质升级等多方面取得瞩目成就。具体做法如下：

（1）"5G"基础设施建设，网络进入每家每户。开设5G通信基站用电报装"绿色通道"，对5G基站及配套设施用电报装提供"一证办电"、"网上办电"等便捷服务，减少申办流程周期；加大对破坏通信基础设施违法犯罪的打击力度，切实保障移动通信基站的正常运行、移动通信基础设施设备及施工人员安全；按照全区统一部署，集约利用社会资源，推进铁塔基站、路灯、监控、交通指示、电力等各类杆塔资源双向开放共享。

（2）利用大数据，形成综合治理大格局。渝水法院通过多方协作，与公安、民政、国土资源、不动产登记中心、房管、市场监管、公积金等单位签订数据共享协议书，建立执行信息查询平台，初步实现了对被执行人的房产、公积金、工商、矿产、婚姻、户籍信息等十三项信息数据的共享。通过该项举措，执行法官在办公室通过查询专线可以轻松地集中查询到被执行人的财产、身份等诸多信息，为执行过程中的"查人找物"提供了极大的便利，促进了执行质效的提升。

（3）建设智慧交通，精准打击超限超载。运行全区电子警察抓拍系统，24小时全天候对违法超限超载行为进行无差异抓拍，对人、车、物的动态监管，同时公路、交通、公安、交警、城管等部门紧密配合，实施定点联合执法、流动联合执法、高速公路入口联合执法、货运源头联合执法、联动管理和失信联合惩戒五种联合执法形态，精准化、常态化、智能化治理超限超载，全面形成以非现场执法为主、路面执法为辅的治超新模式。

（4）智慧升级农贸市场，实现市场的长效管理。渝水区对城区15个农贸市场进行智慧化全面升级改造，截止到2021年9月，农贸市场改造工作全面完成。改造后的农贸市场采用以大数据、物联网、人工智能智慧监管模式，根治"管理乱象"，并配备快速检测室、智能电子秤、电子显示屏、商品查询信息平台，达成"菜安全、无异味、价公道、计量准、价公示、可追溯、智慧付、联成网"。

4. 亮点四：无废城市

为打赢土壤污染防治攻坚战，切实解决群众反映的固体废物堆积等生态环境问题，新余市委八届七次全会提出了"五废"（赣西危废、一般工业固废、建筑垃圾、餐厨垃圾和生活垃圾）治理思路。在具体推进过程中，赣西危废、一般工业固废、建筑垃圾打包更名为新余生态环境产业综合处置利用项目。该项目建设地点在新余市渝水区良山镇，由华赣环境新余生态环境产业有限公司投资建设，项目一期总投资8.4亿元，占地600亩，包括赣西危废处置中心、建筑垃圾处理、一般工业固废处置三个子项目。该项目有利于解决渝水区垃圾围城的问题，为实施"无废城市"建设奠定坚实的基础。项目已完成征地拆迁、管线搬迁等前期准备工作，环评报告也通过专家评审。具体措施如下：

（1）采用差异化处理工艺，建设赣西危废处置中心。赣西危废处置中心重点针对废物性质和适宜处理技术类型的不同情况，采用不同的工艺流程和处理设施，工艺设计按照国家标准并采用国内先进设备技术，危废项目产生的所有废水及管理区产生的生活污水将全部进入废水处理车间处理。最终可达到总处理危废 7.4 万吨/年，其中焚烧处理设施设计处理能力 1.8 万吨/年，物化处理设施设计处理能力 2 万吨/年，安全填埋设计处理能力 3.6 万吨/年。

（2）产出多元化项目产品，打造建筑垃圾处理项目。建筑垃圾处理项目服务范围仅限于新余市，主要产品为再生骨料 70 万吨/年、土壤修复和绿化建设产品 50 万立方米/年、墙体材料 15 万立方米/年、道路材料 22.8 万吨/年、PC 预制构件产品 3 万立方米/年。最终可达到总消纳拆除垃圾 100 万吨/年，工程渣土 100 万立方米/年。

（3）发挥多边化辐射作用，推出一般工业固废处置项目。一般工业固废处置项目服务范围以新余市为主，但同时辐射周边地区。同时产出环保建材 30 万吨/年、工业固废水泥 50 万吨/年、工业固废制砖 30 万吨/年。2020 年，项目各项工作正顺利推进，最终建成投运可达到处理一般工业固废 100 万吨/年。

（三）制度创新案例

1. 亮点一：路长制

2017 年以来，渝水区在全区公路环境实施"路长制"管理，以"四好农村路"和平安交通建设为载体，以构建养护管理长效机制为目标，按照"一路一长"的要求，建立区、乡镇、村三级路长组织体系、责任体系、管理体系、考核体系，创建"畅、安、舒、美"的公路出行环境。在此之前，由于各管理主体权责不明晰，存在互相推诿责任和真空地带无人管的问题，公路沿线环境"脏乱差"问题严重。推行"路长制"后，有效解决了管理问题，并加大人力、物力投资，全区公路环境有了明显改观，有关经验做法多次在主流媒体刊登报道，并被《推行环境治理"路长制"，建设美丽公路风景线》刊发于省刊。具体经验如下：

（1）建立横向管理结构，统筹协调各主体。在区级层面建立"路长制"工作联席会议制度，由区级领导和部门及乡镇总路长组成，根据工作需要不定期召开会议，研究部署工作。在乡镇级别划分"路长制"职责，建立属地管理、分工负责的两级"路长制"，由乡镇长担任本乡镇区域内所有公路"总路长"，其他班子成员按行政村区域划分担任路长，实现责任到人的全覆盖管理。

（2）加大农村公路养护资金投入，完善公路养护体制。采取财政投资、社会集资、企业捐资、群众投劳等方式，多渠道筹集养护资金，加大农村公路管养经费投入。区政府将养护资金纳入预算安排，确定公路日常养护标准，确保财政支出责任落实到位，将相关税收返还用于农村公路养护，支持农村公路升级改造、安全生命防护工程建设和危桥改造等。

（3）完善督察考核机制，保障长效管理常态运行。渝水区将路长与总路长督察相结合保障公路日常清洁，跨部门组成联合督查考核组实行不定期、全方位、随机暗访督查，保障公路日常清洁常态化。还将整治工作纳入各地各部门年度绩效考核内容，如以乡镇为单位进行月考评和奖惩的农村环境卫生考评，奖惩分明，调动工作积极性。为了便于公众监督，设立"路长制"管理责任牌并通过各信息平台公布负责人、路段等相关信息，同时全面深入宣传"路长制"工作，发动社会公众积极监督。多方位协同杜绝"一阵风"环境治理行为。

2. 亮点二：水资源综合管理制度

渝水区属于鄱阳湖水系、赣江袁河流域，2020年境内有大小河流14条、蓄水工程2068座，其中水库221座、塘坝1847座。然而渝水的水资源依然面临水资源短缺、水污染严重、水生态环境恶化等问题，渝水区自2013年开始推行水资源管理办法，2016年推出"三条红线"目标分解控制指标，贯彻实行最严格的水资源管理制度。2020年，渝水区用水总量约

5.31亿多立方米,万元工业增加值用水量、万元GDP用水量较2015年累计降幅分别为52.3%、30.5%,农田灌溉水有效利用系数达到0.51,均达成目标。具体做法如下:

(1)加强水资源开发利用控制红线管理,严格实行用水总量控制。渝水区明确用水总量控制指标,2016年渝水区发布了水资源管理"三条红线"目标分解控制指标的文件,明确提出了五年的用水总量控制指标。同时严格实施取水许可,建设项目需要取水的,建设单位应当进行水资源论证并提交论证报告书,经验收合格的由水行政主管部门核发取水许可证,而已建取水工程或设施未办取水许可证的应按时登记补办,否则强行拆除。

(2)加强用水效率控制红线管理,遏制水资源浪费。渝水区不仅明确用水效率控制指标,还明确提高工业、农业用水效率。工业用水单位应当采取有效措施降低水的消耗量,增加循环用水次数,提高水的重复利用率。对农业蓄水、输水工程采取必要的防渗漏措施,推广农业节水技术和节水灌溉方式,减少农业用水,提高农业用水效率。

(3)严格水资源有偿使用,促进水资源的优化配置。渝水区要求取水单位或个人应当按照批准的年度取水计划取水,超定额取水的应对超出部分分级累进收加价取水资源费,该费用由水行政主管部门统一征收纳入同级财政预算管理,专项用于水资源的开发、利用、节约、保护和管理等,不得挪作他用。此外还探索水权交易制度,主要包括区域水权交易、取水权交易、灌区内灌溉用水户水权交易、区域水权有偿配置,通过政府调控与市场调节相结合,促进水资源高效利用与节约保护。

3. 亮点三:孔目江流域"水质对赌"

孔目江流域发源于分宜县,流经渝水区欧里镇、观巢镇、仰天岗街道办事处、下村镇、城北办、城南办,流经区域并不具备行政隶属关系,而孔目江流域水生态补偿制度可针对流域跨界污染采用公共政策或市场化手段来调节生态关系密切的地区间利益关系,促进全流域的社会、经济、生态可持续发展。2017年,孔目江流域水生态补偿工作被列为新余市经济生态行政体制改革专项小组重点改革项目，按季度督导工作进展，确保了孔目江流域水生态补偿工作的顺利开展。截至 2020 年，通过开展该项工作，孔目江流域水环境质量得到显著提高，8 个非城区监测断面基本稳定在 Ⅱ 类水质。具体经验如下：

（1）设立孔目江流域水生态补偿资金，激发环境治理积极性。通过上级生态保护补偿转移支付资金、水污染防治费、乡镇上缴污染补偿资金等方式筹措水生态补偿资金，以季度为单位进行核算、以年度为单位进行结算。其中，乡镇上缴污染补偿资金是由化学需氧量、氨氮和总磷三个考核因子超标的乡镇上缴，根据监测断面水质污染因子的加权平均浓度核算应缴纳的补偿资金数额，相应地工作力度大、水质改善明显的乡镇可以得到 30% 生态补偿资金的奖励，通过调整流域水生态环境保护或破坏行为的相关方的利益关系，使社会经济活动的外部成本内部化。

（2）严格落实生态补偿资金，保持维护生态系统功能。将孔目江水质指标作为补偿资金分配的主要因素，同时考虑水量因素，贯彻"谁污染谁治理、谁保护谁受益"的工作思路，采取财政专项补助的方式下达，其具体数额需依据乡镇考核断面出入境水质的污染程度和全流域征收的污染补偿资金等因素确定，该资金专项用于孔目江流域综合治理的减排工程、农村安全饮水工程和生态补偿项目，不得用于平衡财力。

（3）合理制定生态补偿标准，完善绩效评价体系。补偿效益是生态补偿的核心，优化选择补偿区域和合理的补偿标准是提高补偿效益的关键，常通过机会成本确定生态补偿标准，即补偿标准值与机会成本为正向关系，然而不同区域提供的生态服务以及损失的机会成本有差异，为此我们需注重生态补偿的区域差异，不断完善生态保护补偿机制，建立并完善生态保护补偿机制的绩效评价体系。

（四）文化创新案例

1. 亮点一："道德积分银行"

下保村通过建立"道德积分银行"，将道德回报的思想古为今用，来推动新时代公民道德建设。现在下保村由十年前贫穷落后、资源匮乏、交通闭塞、民风刁悍的"鸡窝村",转变成为了家家讲道德、户户比卫生、人人图奋进的"全国文明村镇"。先后获得了"中国美丽休闲乡村"、"全国民主法治示范村"、"江西省 AAAA 级景区"等荣誉称号。具体做法如下:

(1)创新评分细则,引领时代新风。下保村结合实际生活,从孝、善、信、勤、俭、美、学七个方面 46 个小项详细议定"道德积分银行"积分标准。并依托下保乡村旅游发展现状,因地制宜,创新积分评定细则,把乡村旅游志愿服务,农家乐、商家诚信经营,积极参与乡村旅游文艺演出等内容纳入"道德积分银行"积分评定细则,让乡村旅游与道德积分银行有效融合。

(2)完善评定程序,促进公平公正。下保村本着公平公开公正的原则,在村党支部的统一领导下,按照"一评一定一公示"的程序,每月召开一次由道德评议委员会成员参与道德积分评定会,对村民自主申报、他人推荐或组织推荐等事项进行集中评定,经过上门核实,将真实情况纳入评分范围,并对评议结果进行公示。对得到奖项的村民,张贴在公共场所,对先进典型事迹进行公开宣讲。

(3)物质精神双奖励,推动道德养成。除对道德模范、身边好人进行表彰,还给予一定的社会礼遇。例如,在劳动就业方面,对有就业意愿的道德模范,优先安排就业岗位;在公共交通方面,道德模范可享受免费乘坐新余境内公交。对于未被评为"模范典型"的群众,也应采取物质奖励与精神奖励相结合的方式,群众可以通过自身已有的道德积分在村庄中设立的兑换点处兑换相应的物品,充分调动村民的积极性,让每个人都参与其中。

2. 亮点二:"党建+颐养之家"

为应对人口老龄化趋势,新余市坚持以人民为中心的发展思想,以"党建+"为统领,将党建工作融入民生事业,在农村全面推行"党建+颐养之家",为 70 岁以上农村留守、独居老人提供日间生活照料、精神慰藉等服务，让老人在家门口实现老有所养、老有所乐。这种农村养老模式，解决了农村留守老人的生活困难，实现了农村党建和民生工作的双丰收，成为"党得民心、老人舒心、子女放心"的"三心"幸福工程，也为各地农村养老提供了全新模式。2020 年，全区 182 个行政村有 352 个颐养之家，4981 位入家老人，实现了所有行政村和有需求老人全覆盖。具体经验如下：

（1）党建引领是关键一招。渝水区借助组织部门统揽党建力量强、调配资源力度大的优势，明确由市县两级组织部门牵头，多部门共同参与颐养之家建设。颐养之家建设标准、成本管理等规定主要由市委主要领导审定；县（区）、乡镇、村三级党组织书记主要负责全力推进。颐养之家建设还被纳入县乡村年度工作考核，每年评选颐养之家 100 强和一批服务之星。

（2）严控成本是头等大事。渝水区一方面多措并举筹集建设资金。采取"政府补助、村级配套、社会捐助、老人自缴、自我发展"模式，建设经费由每个行政村一次性投入 10 万元，由市、县（区）、乡三级按 4：4：2 比例分担。运行经费则按照每人每月 350 元标准，老人自交 200 元，市、县（区）两级财政各补贴 50 元，乡、村两级自筹 50 元。并千方百计节约成本，尽可能降低建设成本，如改建村级闲置场所为颐养之家。不少颐养之家建有小菜园，身体硬朗的老人可就近种菜，自产自用。管理上鼓励老人自治，大家各有分工，减轻颐养之家管理开支压力。

（3）广泛参与是重要补充。大力引导党员干部、志愿者、群团、商会、乡贤等共同参与到颐养之家建设中来。出台文件明确各级党政机关、事业单位挂点联系一个村，倡议市县乡村四级干部到颐养之家走访慰问老人，开展贴春联、送年货等温情传递活动，营造全社会尊老爱老的氛围。此外还充分发挥工人、青年和妇女作用，组织动员大家到颐养之家开展志愿者活动。

3. 亮点三："夏绣"传播传统文化

江西渝州绣坊有限公司是国家级非物质文化遗产代表性项目民间绣活

（夏布绣）保护单位，地处"中国夏布之乡"和"中国夏布绣技艺之乡"——江西省新余市，是集挖掘、保护、研发、制作、销售于一体的特色文化企业。渝州绣坊前承民间精湛绣艺，后开夏布艺术刺绣先河，以首创夏布绣艺术而闻名。企业本着传承民间文化，创新刺绣艺术的精神，结合新余本土文化，先后开发了傅抱石系列、天工开物系列、仙女湖风光系列夏布刺绣艺术品，并先后获得了诸多大奖。夏绣属"新余创造"，彰显"江西特色"，具有"世界价值"，"夏绣"传播了新余的抱石文化、天工文化、夏布文化，产品通过多渠道走遍全国、走向世界，现已被打造成为了江西除陶瓷之外的又一个传承和产业发展都不错的响亮标签、品牌。具体做法如下：

（1）传播夏布绣，重视企业文化与品牌培育。夏布绣与其他非遗传承都面临着相同的问题——越来越难找到愿意学习传承的人。面对非遗传承的困境，渝州绣坊通过多种方式来传播夏布绣：一方面，渝州绣坊会定期组织人员到学校给学生讲课，课后让他们亲手体验刺绣，台上传播、台下传承，收到的反馈特别好；另一方面，通过参加展会，以特展方式进行展示，完整地展现夏布绣的古、今与未来，让更多人看到夏布绣的艺术与技艺之美。

（2）提升员工素质，增强企业软实力和竞争力。渝州绣坊有限公司由于自身产业的特点和发展要求，非常重视提升企业员工素质、软实力和竞争力。一是注重搞好教育培训。二是重视员工岗位培训。开展师傅带徒弟式的学、比、赶、帮活动，使初上岗员工很快进入角色，掌握了刺绣技术，员工每绣出一幅作品后，都要进行集体点评，指出优点和缺失，互帮互学互评，从而提高员工技艺和绣品的质量。三是派人外出考察学习。渝州绣坊经常派人到全国各地参见文化作品艺术展，通过作品展出及同行交流学习，使创新理念升华，经验不断丰富。

（3）打造夏布绣产业链，焕发持久魅力。渝州绣坊先后成立了夏布绣艺术馆、新余市夏布绣艺术研究所、新余夏布绣博物馆，拥有国家级张小红技能大师工作室、夏布绣非遗传习所、夏布绣非遗研学体验中心，形成了集收藏、保护、研究、研发、生产、销售、培训、传播等于一体的夏布绣产业链，并投资建设了"中国夏绣园"产业基地，使之成为集夏绣生产、展示、人才培养、旅游观光、休闲娱乐于一体的综合性文化产业园，现已成为新余市城市建设、休闲旅游和文化产业发展的亮点。

第三部分

启示与建议

第八章

国家生态文明试验区（福建）的
经验启示

　　福建是我国南方地区重要的生态屏障，生态文明建设基础较好，多年来持之以恒实施生态省战略，在生态文明体制机制创新方面进行了一系列有益探索，取得了积极成效，具备良好的工作基础。虽然福建省生态优势比较明显，但也面临加快发展与资源环境约束趋紧的压力，现有资源环境制度难以适应转方式调结构、推动绿色发展的需要。福建省建设国家生态文明试验区，围绕国土空间科学开发的先导区、生态产品价值实现的先行区、环境治理体系改革的示范区和绿色发展评价导向的实践区四个战略定位，探索构建以改善生态环境质量为导向的环境治理体系和生态保护机制，对于树立节约资源和保护环境的绿色导向，加快补齐生态环境短板，构建促进绿色发展的体制机制，推动供给侧结构性改革，汇聚改革动力，激发市场活力，将生态优势进一步转化为发展优势，推进形成绿色生产生活方式，为加快经济社会发展提供绿色新动能具有重要意义。

一、国家生态文明试验区（福建）的建设现状

（一）深入推进体制机制改革，建立生态文明建设新模式

1. 建立了"源头严防"管控体系

福建省的"三线一单"正式编制实施，划定生态保护红线面积65.16万亩，生态保护红线评估调整工作基本完成，省级国土空间规划文本初步形成，国土空间开发保护制度趋于完善，武夷山国家公园体制改革试点任务全面完成，形成共商共管共建共享的国家公园管理体制，入选《国家生态文明试验区改革举措和经验做法推广清单》，基本建成省域国土空间体系。在全国率先部署开展全民所有自然资源资产所有权委托代理机制试点，基本建立归属清晰、权责明确、监管有效的自然资源资产产权制度，生态产品市场化改革成效显著，多元化市场化的生态保护补偿机制基本健全，生态产品价值得到充分实现。

2. 形成了数字化"过程严管"监督体系

高位融合推动生态省和数字福建建设，规划"一张图"实施监督系统初步构建，在全国率先建设覆盖省市县三级的生态云平台并投入使用，汇聚整合了21个部门的132类生态环境数据，基本实现"属地管理、分级负责、全面覆盖、责任到人"，建成网格化监管信息平台，实施差异化监管，不断筑牢八闽生态环境的"铜墙铁壁"。

3. "后果严惩"责任体系趋于健全

在全国率先推行环保"一岗双责"，并出台了《福建省生态环境保护工作职责规定》、《福建省省直有关部门生态环境保护责任清单》，推动"党政同责"、"一岗双责"落实落细，形成部门责任具体化、责任链条无

缝化的生态环保职责体系；建立经常性领导干部自然资源资产离任审计制度，取消对南平、龙岩、三明、宁德四个山区市和平潭综合实验区以及34个县的 GDP 指标考核；持续深化督察机制，在全国率先印发《环境保护督察实施方案（试行）》，实现对九市一区省级生态环境保护督察全覆盖；建立领导包案、一市一会商、挂账销号、第三方监督评估等落实中央生态环境保护督察问题整改工作机制，压实整改责任，确保生态环保督察整改走深走实。

4. 生态司法制度体系趋于完善

福建不断推动健全完善生态文明行政执法部门与检察、公安机关"两法衔接"机制，形成重大案件联合会商、联合督导，还探索出生态司法与其他领域的衔接机制：莆田涵江法院尝试将检察机关提起的行政公益诉讼案件数量及判决情况、行政执法机关对司法建议的落实反馈情况等指标纳入审计内容，探索"生态司法＋审计"衔接机制，三明法院为"福林贷"、重点区位商品林赎买制度提供司法保障举措，创新"生态司法＋金融"衔接机制，宁德霞浦法院在生态恢复性司法中引入环境污染责任保险制度和生态环境损害赔偿基金管理运营新模式，探索"生态司法＋保险"衔接机制，确保生态环境损害修复责任落地落实。

（二）生态环境高颜值，经济发展高素质

1. 生态环境质量保持全国领先

福建打赢蓝天保卫战，PM2.5 年平均浓度 20 微克/立方米，比全国平均水平低 33.3%，九市一区城市空气优良天数比例 98.8%，高于全国平均水平 11.8%。打好碧水保卫战，小流域Ⅰ～Ⅲ类水质比例 96.9%，比 2016 年提高 21.3%，消灭国考断面劣Ⅴ类地表水，完成 207 个农村"千吨万人"集中式饮用水水源保护区划定、144 个环境问题整治。打好净土保卫战，深入实施土壤污染防治行动计划，危险废物利用处置能力提升到 186.9 万吨/年。推进生态修复，建立以武夷山国家公园为主体的自然保护地体系覆盖全省 70% 以上的典型生态系统及 85% 以上的珍稀濒危物种，完

成废弃矿山综合治理面积 4.1 万亩，水土流失率下降至 7.52%，森林覆盖率达 66.8%，保持全国第一，形成可推广的海漂垃圾综合治理机制，大陆自然岸线保有率达 46.2%，近岸海域水质优良比例 82.9%，全省水、大气、生态环境质量保持全优。

2. 经济实现高质量发展

福建经济运行呈现持续明显向上向好的态势，2020 年，GDP 增长 3.8%，单位 GDP 能耗持续下降，优于全国平均水平 32%，清洁能源装机比重 56%，高于全国平均水平 7%，以占全国 2.8% 的能源消费支撑了占全国 4.3% 的经济总量，是全国唯一的全省所有地级市人均 GDP 均超过全国平均水平的省份，能源资源消耗、污染物排放强度保持全国先进水平。现代产业体系更加完善，国家高新技术企业突破 6200 家，是 2015 年的 3 倍多，特色现代农业产业体系更加完善，农产品质量安全合格率稳定在 98% 以上，工业增加值跃升至全国第 6 位，三大主导产业增加值年均增长 8.4%，实现"机器换工"约 7 万台，数字经济增加值突破 2 万亿元、占 GDP 比重的 45% 左右，海洋生产总值年均增长 10% 左右，第三产业占 GDP 比重从 41.6% 提高到 47.5%。

（三）实现生态价值转化，促进经济绿色发展

福建省是我国南方地区重要的生态屏障，生态优势比较明显，但也面临加快发展与资源环境约束趋紧的压力，现有资源环境制度机制难以适应转方式调结构、推动绿色发展的需要。

1. 健全生态产品经营开发机制，发挥市场配置资源作用

开展厦门市、武夷山市等地区生态产品价值核算，率先构建陆海兼顾、适用全省的生态产品总值核算体系。全面推行环境权益交易，创新碳票、林票等模式，建立碳排放权交易市场体系，首日成交 1822 万元，创全国试点省市开市首日成交量的新高，林业碳汇累计成交 4182.9 万元，成交额居全国首位，排污权累计成交 17.14 亿元。开展生态产品市场化改革，南平市创新推出"武夷品牌""生态银行""水美经济"建设，连江

县深远海区生态养殖市场化改革经验向全国推广，实现不同资源禀赋生态产品价值实现。

2. 健全生态产品保护补偿机制，发挥政府主导作用

多元市场化生态补偿机制不断完善，福建率先建立统一规范的全流域生态补偿机制，每年整合投入资金超 20 亿元，深入推进综合性生态保护补偿试点，按规定下达两批激励资金 3.3 亿元，全省累计完成重点生态区位商品林赎买改革 32.3 万亩，占"十三五"时期总任务 20 万亩的161.5%，实现"社会得绿、林农得利"的双赢。

3. 创新绿色金融机制，实现生态产品的"赋能增值"

率先对政策性银行、国有大中型银行开展绿色信贷业绩评价，林业金融创新走在全国前列，完善推广福林贷、惠林卡等"闽林通"系列林业金融产品，累计发放贷款 63.37 亿元，受益农户 5.7 万户。在全省环境高风险领域推行环境污染责任保险制度，全省累计投保环责险企业 1707 次，累计提供环境风险保障金额 28.21 亿元。

（四）形成绿色生产生活方式，实现绿色惠民新路径

1. 形成了绿色生产生活方式

生产空间集约高效，超额完成国家下达的批而未供、闲置土地处置任务，连续 21 年实现耕地占补平衡。实现农业绿色发展，畜禽粪污综合利用率达 90%。开展绿色生活创建行动，城市公交车中新能源汽车占 80%，城镇新增建筑中绿色建筑面积占比达 77%，城市建成区绿地率 40.8%，实现全省九市一区国家森林城市和所有县市省级森林城市"两个全覆盖"。

2. 创建了宜居生活空间

福建的乡镇生活垃圾转运系统全覆盖、行政村生活垃圾治理常态化，生活垃圾无害化处理率为 100%，全省域实行生活垃圾强制分类，福州、厦门垃圾分类覆盖率均达 90% 以上。全省已有水冲式农村公厕的行政村比例达 88%，县级以上集中式生活饮用水水源地 100% 达标，市县污水无害化处理率达 94.9%，87 条黑臭水体基本消除，解决好人民群众感受最直

观、反映最强烈的突出生态环境问题,实现绿色富省、绿色惠民。

二、国家生态文明试验区(福建)的特色案例

(一)五缘湾片区生态修复与综合开发

厦门市五缘湾片区位于厦门岛东北部,规划面积 10.76 平方千米,涉及 5 个行政村,村民主要以农业种植、渔业养殖、盐场经营为主,由于过度养殖、倾倒堆存生活垃圾、填筑海堤阻断了海水自然交换等原因,内湾水环境污染日益严重,水体质量急剧下降,外湾海岸线长期被侵蚀,形成了大面积潮滩,造成五缘湾区自然生态系统破坏严重。经过生态修复与综合开发,五缘湾片区成为厦门岛内唯一集水景、温泉、植被、湿地、海湾等多种自然资源要素于一体的生态空间。根据《厦门市生态系统生产价值统计核算技术导则》进行测算,2019 年,五缘湾片区生态系统服务价值达到了 23896.4 万元,其中海洋生物多样性、清新空气、清洁海洋三类生态系统服务的价值分别为 5465.8 万元、2660.5 万元和 463.35 万元,与生态修复和综合开发之前相比,片区生态价值得到了大幅提升。具体做法如下:

1. 统筹开展陆海环境综合整治,提升生态系统服务功能

厦门市土地发展中心代表市政府作为业主单位,负责片区规划设计、土地收储和资金筹措等工作,并联合建设单位,整体推进环境治理、生态修复和综合开发。针对村庄实行整村收储、整体改造,针对陆域疏浚通屿地区的狭长淡水渠,在片区内建成截流阀门、污水处理厂、污水泵站,实现雨污分流,针对海域全面清退内湾鱼塘和盐田,拆除内湾海堤,实施退塘还海、炸礁疏浚,修复受损海岸线,对湾区水体水质进行咸淡分离和清

浊分离，并开展水环境治理，逐步恢复海洋水生态环境。充分利用原有抛荒地和沼泽地建设五缘湾湿地公园，通过保留野生植被、设置无人生态小岛等途径，增加野生动植物赖以生存的栖息地面积，营造"城市绿肺"。

2. 以储备土地为基础，全面推进片区综合开发

完善交通基础设施，建设公交场站、城市主干道、跨湾大桥，使湾区两岸实现互联互通，同时建设公办学校、公立医院、文化体育场馆、大型保障房等项目，加强科教文卫体等配套设施建设，修建环湾步道，打造处处皆景的休闲空间，为提升人居环境和实现生态产品价值奠定基础。湾区内陆续建成多家商业综合体，吸引300多家知名企业落户，五缘湾片区由以农业生产为主，发展成为以生态居住、休闲旅游、医疗健康、商业酒店、商务办公等现代服务产业为主导的城市新区，带动了区域土地资源升值溢价。

3. 打造生态系统价值核算系统，推动生态产品价值转化

2018年出台《厦门市生态系统生产价值统计核算技术导则》，2020年出台修订版，在系统总结国内外相关研究前沿的基础上，建立了生态系统价值基础理论框架，确定了生态系统价值核算原则，依据核算原则建立了具有厦门特色的生态系统价值核算指标体系，编制生态系统价值统计年鉴，初步摸清厦门市生态系统价值家底。2021年出台《福建省生态产品总值核算技术指南》，奠定了生态系统价值业务化核算的基础。

（二）水土流失治理"长汀模式"

福建省长汀县曾是我国南方红壤区中水土流失最为严重的地区之一，不仅影响了水上交通航运和渔业生产，而且灾害频繁，严重威胁了水土资源的永续利用，妨碍了工农业生产，影响人民正常生产生活。长汀扎实推进全系统治理、一体化保护，通过构建多层级"共治"格局、实行专业化"精治"路子、探索多层次"深治"模式、致力多类型"专治"示范、建立多元化"善治"机制，打造南方水土流失区山水林田湖草综合治理示范区。2018年，该县完成治理水土流失斑块7551个、占计划任务的

102.2%，治理各类水土流失面积 21.45 万亩、占计划任务的 106.2%，水土流失率从 2018 年底的 7.95% 下降至 2020 年底的 6.78%，其成功实践被誉为南方红壤区治理的品牌和典范，在贵州、宁夏、甘肃等省区推广应用，形成了《红壤丘陵区水土保持治理标准体系》9 个标准，填补了相关标准空白，其"红壤丘陵区严重水土流失综合治理模式及其关键技术研究"成果，荣获第四届中国水土保持学会科学技术一等奖。具体做法如下：

1. 打造综合治理模式，实现水土资源的永续利用

以小流域为单元全面规划，山、水、林、田、路综合治理，林、果、草、畜、牧合理配置。探索公司化运作模式，成立国有专业生态治理公司，委托县古韵汀州公司、林业发展公司作为项目业主，实现项目统一管理、设计、施工，实现专业化精治。探索多层次"深治"模式，对抵御自然灾害能力较弱的林地，进行林分结构优化和补植修复，实行改善水土流失的马尾松与提高森林质量的阔叶树、乔灌草混交的治理新模式，实现水土流失治理从重覆绿向提质增效转变。对因铁路、公路、果园、电力以及群众建房建设造成的斑块因地制宜精准治理，对果园按照"山顶戴帽、山脚穿鞋、中间系带"的思路恢复地带性植被，致力于多类型专治。开展"春节回家种棵树"、"互联网+全民义务植树"等活动，形成多元化善治机制。新模式统筹了综合治理，打破林业、水保等部门各自为政的单一治理形式，整合涉农资金"大专项+任务清单"管理模式，让各部门形成了治理合力，也提高了资金使用效率。

2. 坚持多措并举，科学创新防治

长汀县与中国科学院等科研院校开展科技协作，建立"三站一院一中心"科研平台，开展崩岗类型划分与经济型技术集成、生态高值农业符合模式示范等联合研究，探索和应用推广水土流失治理新模式、新技术，因地施策提出"反弹琵琶"理念，探索出低效林改造、等高草灌带、草灌乔混交、小穴播草等治理模式，大力实施"等高草灌带种植"、"老头松施肥改造"、"陡坡地小穴播草""草木沼果循环种养"等一系列切实可行的新

技术、新举措。长汀县对侵蚀特别严重的部分水土流失区辅以人工治理，通过撒种、补植、挖水平沟、治理崩岗等工程和生物措施，为生态修复创造条件，加快了植被恢复。对尚未稳定、危害较大的崩岗群，探索崩岗治理区域改"崖"为"坡"新模式，采取削坡造地的方法变崩岗区为生态种养区、工业园区、生态移民安置区，引导群众在崩岗台面上种植经济作物，实现生态、经济双赢。

3. 健全工作机制，落实创新举措

为推进水土流失精准治理深层治理工作，长汀成立了以县委书记为组长的治理工作领导小组，下设办公室，协调解决实施过程中的重点难点问题，县委常委会议实行一月一次治理工作专题汇报、治理点调研、治理项目工作推进会"三个一"制度，督促责任落实、工作推进。创新开展"生态党建"，在生态产业上建立党支部，探索将生态文明建设指标列入干部考核评价体系，并开展领导干部自然资源资产离任审计试点，增强领导干部履行自然资源资产管理和环境保护责任意识。

（三）森林生态银行

福建省南平市被誉为地球同纬度生态环境最好的地区之一，森林覆盖率达到78.29%，林木蓄积量占福建的1/3，但长期以来"生态高地"与"经济洼地"并存。尤其是2003年以来，随着集体林权制度改革的推进和"均山到户"政策的实施，南平市76%以上的山林林权处于"碎片化"状态，农民人均林地近15亩，森林资源难以聚合、资源资产难以变现、社会化资本难以引进等问题凸显。为了有效破解生态资源的价值实现难题，2018年，顺昌县成立政府主导的森林资源运营平台，对林地分布、森林质量、保护等级、林地权属等进行调查摸底，形成全县森林资源数据库，打通了资源变资产、资产变资本的通道，探索出了一条把生态资源优势转化为经济发展优势的生态产品价值实现路径，试点以来，已成功导入林地面积6.36万亩，其中股份合作、林地租赁经营面积1.26万亩，赎买商品林面积5.1万亩，盘活了大量分散的森林资源，通过集约经营，出材量比林农分散经营提高 25% 左右，部分林区每亩林地的产值增加 2000 元以上，单产价值是普通山林的 4 倍以上，提高了资源价值和生态产品的供给能力。具体做法如下：

1. 政府主导，共建"森林生态银行"运行机制

按照"政府主导、农户参与、市场运作、企业主体"的原则，由顺昌县国有林场控股成立福建省绿昌林业资源运营有限公司作为顺昌"森林生态银行"的市场化运营主体，公司下设数据信息管理、资产评估收储等"两中心"及林木经营、托管、金融服务"三公司"，前者提供数据和技术支撑，后者负责对资源进行收储、托管、经营和提升，同时整合县林业局资源站、国有林场伐区调查设计队和基层林场护林队伍等力量，有序开展资源管护、资源评估、改造提升、项目设计、经营开发、林权变更等工作。

2. 推进森林资源流转，实现资源资产化

鼓励林农在平等自愿和不改变林地所有权的前提下，将碎片化的森林资源经营权和使用权集中流转至"森林生态银行"，由后者通过科学抚育、集约经营、发展林下经济等措施，实施集中储备和规模整治，转换成权属清晰、集中连片的优质"资产包"。同时推出了入股、托管、租赁、赎买四种流转方式，保障林农利益和个性化需求，合作成立了顺昌县绿昌林业融资担保公司，提供林权抵押担保服务，担保后的贷款利率比一般项目的利率下降近 50%，通过市场化融资和专业化运营，解决森林资源流转和收储过程中的资金需求。

3. 创新开发运营方式，实现生态资本增值收益

实施国家储备林质量精准提升工程，采取"四改"措施，优化林分结构，增加林木蓄积，促进森林资源资产质量和价值的提升，在此基础上推动生态产品多元化市场化改革，积极发展森林康养等"林业+"产业，建设森林康养等六大基地，推动林业产业多元化发展，采取管理与运营相分离的模式，将运营权给专业化运营公司，提升森林资源资产的复合效益，引进实施 FSC 国际森林认证，规范传统林区经营管理，为森林加工产品出

口欧美市场提供支持，开发林业碳汇产品，探索社会化生态补偿模式，通过市场化销售单株林木、竹林碳汇等生态产品市场化方式实现生态产品价值，实现了森林生态"颜值"、林业发展"素质"、林农生活"品质"共同提升。

（四）生活垃圾分类厦门模式

2016 年，全市普遍推行生活垃圾分类，2017 年 8 月，地方性法规《厦门经济特区生活垃圾分类管理办法》全票通过，9 月正式实施，每年制定年度工作要点和考评办法等指导文件，形成"1+2+N"全链条管理制度体系。自该办法实施以来，厦门已连续 8 个季度在全国 46 个重点城市生活垃圾分类工作情况考核中名列第一，垃圾分类的厦门经验获得国家层面的认可，形成生活垃圾分类的厦门模式，入选《国家生态文明试验区改革举措和经验做法推广清单》。2020 年，厦门全市垃圾分类知晓率达100%，参与率达 90%以上，分类准确率 85%以上。具体做法：

1. 建立监管体系，提高垃圾分类质量

分类环节，通过扫二维码用积分换奖品、制作环保手工皂等激励手段，调动居民垃圾分类的主动性，并统一配备分类垃圾桶，定期清洗，聘请督导员开展桶边督导，推动签订垃圾分类责任状，市垃分办、市考评办组织暗访检查督促，以强化监督确保分类收集。海沧已初步构建"六位一体"的垃圾分类质量监管体系，即形成垃圾分类信息系统大数据基础上的居民源头自觉分类可溯源、督导员入户宣传抽检督促、物业保洁人员抽检并二次分拣、国企直运前复检打分—物业保洁人员当场整改、效能办减量办和环卫处考评考核、执法局实施处罚的"海沧模式"，同时海沧依托微信平台建立云服务大数据信息系统，建立一袋一码的可溯源新模式，既为垃圾分类精确化管理提供数据支撑，又为后续执法提供可查处依据。

2. 垃圾变肥料，就地资源化

翔安区先行先试，应用昆虫生物技术结合微生物技术，积极探索出了四种垃圾就地减量新方式，率先在全省闯出了一条垃圾资源化利用的源头减量新路子：内厝镇建起阳光肥堆房，利用太阳光吸热辅助加温，通过添加高效微生物复合菌剂，将厨余垃圾和农作物垃圾发酵堆肥；赵岗村的机械制肥机运行稳定，日均处理厨余垃圾约 2 吨，每吨产生有机肥 0.15 吨左右，肥料主要用于专业合作社试验田；新圩镇的面前埔村依托国家级专业合作社示范社，建起一座堆肥大棚示范点，通过机械化破碎、添加微生物和凹凸棒营养土等，将农作物垃圾制作成有机肥，不少村民不但收获了自家厨余垃圾转化成有机肥料"培育"出的果蔬，而且还养成了垃圾分类的良好习惯。

3. 全民众参与，厚植分类意识

突出教育先行，编写了中学、小学、幼儿园三种版本的垃圾分类教材，纳入中小学教学体系；利用国旗下讲话、校园广播、板报等形式向学生普及垃圾分类知识，达到"小手拉大手"的辐射教育效果，实现家庭、学校、社区、企业联动；加强宣传培训，在市委党校开设"垃圾分类厦门在行动"专题讲座，进一步激发领导干部抓垃圾分类工作的积极性；通过巡回宣讲、演讲、知识竞赛、文艺节目等民众喜闻乐见的方式，宣传垃圾分类的重要意义。

三、福建经验对江西的启示

（一）资源利用方面的启示

开展自然资源确权登记，建立生态产品信息监测系统。我国生态资源中存在的一些问题，与全民所有自然资源资产的所有权人不到位、所有权人权益不落实有关，为解决这一问题，福建将国土空间范围内各类自然资源按地上、地表、地下统一到土地利用现状"一张图"上。福建经验表明，实现资源的有效利用首要是充分摸清自然资源资产家底和明晰产权基础。据此江西省应加强以下工作：一是认真做好年度变更调查、地理国情监测、森林资源调查等工作，按期保质完成各阶段工作任务，扎实推进"三调"耕地资源质量分类、成果验收工作，围绕长江经济带"共抓大保护、不搞大开发"、"资源变资产"、地质灾害防治等做好"三调"成果分析应用工作，不断挖掘"三调"成果服务自然资源管理和经济社会发展的价值。二是进一步推进全民所有自然资源资产清查试点工作，按照全省自然资源统一确权总体工作方案有序开展重点区域自然资源确权登记，夯实自然资源资产所有者职责，建立生态产品目录清单。

（二）生态保护方面的启示

加强保护和修复，扩大优质生态供给。生态环境是统一的有机整体，因此要统筹考虑自然生态各要素，对山上山下、地上地下、陆地海洋以及流域上下游等进行整体保护、系统修复、综合治理，福建积极探索出不同生态单元的综治模式。据此江西省应加强以下工作：一是加强山水林田湖草沙系统治理。在赣南山地源头区、赣中丘陵区、赣北平原滨湖区等特色生态单元，探索打造不同类型、各具特色的山水林田湖草沙生命共同体示范区，持续支持赣州完成山水林田湖草生态保护修复试点。二是科学规划布局城市绿环绿廊绿楔绿道，加强城市公园绿地、区域绿地、防护绿地等建设，完善城市绿地系统，系统开展城市江河、湖泊、湿地、岸线等治理和修复，恢复河湖水系连通性和流动性。三是改造林业生态系统质量，推进低产低效林改造、重点防护林工程和重点区域森林"四化"建设，丰富生物多样性，强化生态系统服务功能。

（三）环境整治方面的启示

统筹生态环境保护专项资金，构建多元共治格局。福建省建立了生态环境保护专项资金整合利用机制，并聚焦问题精准施策，形成一系列可推广的经验措施。江西的生态环境整治问题依然严峻，生态保护治理投入不足，污染问题时有发生，就此而言江西省应加强以下工作：一是统筹省级财政统筹整合各部门生态保护专项资金，将资金的奖励与治理考核结果挂钩，提高部门与地方对环境治理的重视程度。二是聚焦短板精准施策，推进农村生活垃圾就地分类和资源化利用，前中后端一起抓，完善"户分类、村收集、乡转运、区域处理"生活垃圾收运处置体系，推动项目资金管理权限下放，支持鹰潭市城乡生活垃圾第三方治理模式和农村生活垃圾积分兑换机制推广，形成政府主导的社会共治格局。

（四）生态产品价值实现方面的启示

健全经营开发机制，畅通生态产品价值实现多元化路径。生态文明建设应坚持堵疏结合，在依靠行政手段取得实效的同时，更加注重依靠市场手段、市场机制，切实增强企业环保的积极性、可持续性。从江西省实际来看，应着重加强以下工作：一是规范开放环境治理市场，依法平等对待各类市场主体，引导各类资本参与环境治理与服务投资、建设、运行，规范市场秩序，加快形成公开透明的环境治理市场环境。二是全面开展生态产品市场交易，推动资源环境权益交易，探索开展土地、矿产、森林、湿地等自然资源整体收储，稳步推进土地使用权、矿业权、林权等自然资源权益交易。三是以抚州国家生态产品价值实现机制试点为引领，以省级各类相关试点为支撑，完善确权、登记、抵押、流转等配套管理制度，加快构建具有江西特色的生态产品价值实现政策制度体系。

第九章

国家生态文明试验区（贵州）的经验启示

贵州省是长江、珠江上游重要生态屏障，不仅面临全国普遍存在的结构性生态环境问题，还存在水土流失和石漠化仍较突出、生态环保基础设施严重滞后等特殊问题，经济发展、资源环境约束、脱贫攻坚等多重压力。贵州建设国家生态文明试验区，围绕长江珠江上游绿色屏障建设示范区、西部地区绿色示范区、生态脱贫攻坚示范区、生态文明法治建设示范区和生态文明国际交流合作示范区等五个战略定位，以促进大生态与大数据、大旅游、大开放融合发展为重要支撑，有利于发挥贵州的生态环境优势和生态文明体制机制创新成果优势，推进供给侧结构性改革，培育发展绿色经济，对于守住发展和生态两条底线，走生态优先、绿色发展之路，实现绿水青山和金山银山有机统一具有重大意义。

一、国家生态文明试验区(贵州)的建设现状

（一）建设了生态文明试验区新格局

自试验区获批以来，贵州以建设"多彩贵州公园省"为总目标，提出

"五个绿色"的战略部署，推动大生态与大扶贫、大数据、大健康、大旅游、大开放"五个结合"的总体布局，并把大生态上升为与大扶贫、大数据并列的三大战略行动，形成以大生态战略行动为基本方略、"五个绿色"为基本路径、"五个结合"为重要支撑的生态文明试验区建设新格局。

1. 大生态与大扶贫相结合

贵州作为全国脱贫攻坚主战场之一，实现 66 个贫困县全部摘帽、923 万贫困人口全部脱贫，易地扶贫搬迁 192 万人，脱贫人口 923 万，易地扶贫和脱贫规模均全国第一，在国家脱贫攻坚成效考核中连续 5 年为"好"。实施生态扶贫十大工程，聘用 8.7 万名建档立卡贫困群众为生态护林员，带动 50 多万贫困人口实现脱贫。实施生态修复助推脱贫，争取中央补助资金 22.84 亿元在乌蒙山区实施山水林田湖草生态保护修复和"兴地惠民"土地整治工程，下拨 1.18 亿元补助资金推进长江经济带乌江、赤水河废弃露天矿山生态修复，三个项目惠及近 12 万贫困人口。实施土地整治助推脱贫，累计投入 20 多亿元，惠及 22.38 万就地脱贫人口。实施生态产业扶贫激活内生动力，带动 80% 以上的贫困人口脱贫，尤其是呈裂变式发展的林业，2020 年，全省森林面积达 1.58 亿亩，林业产业总产值达 3378 亿元，全省特色林业、林下经济带动 109 万贫困人口增收。

2. 大生态与大数据相结合

得益于独特的先天生态优势，贵州省运营及在建的重点数据中心有 23 个，规划服务器 400 万台，"十三五"期间，贵州省数字经济增速连续五年位居全国第一，贵阳市数字经济增加值达到 1649 亿元，占地区生产总值比重 38.2%，高于全国平均水平。在加快大数据产业发展的同时，推动形成环境大数据闭环监管，建成了空气、水流等自动监测联网平台、数据管理和发布平台、排污权数据云管理平台，空气监测点实现了在线联网和日发布，水质点位各污染因子实现实时监测，生态环境保护和污染防治手段更加精准，形成可复制的经验做法入选国家级推广清单。

（二）提升了生态环境质量

1. 生态空间山清水秀

贵州坚决打好污染防治攻坚战，深入实施"双十工程"，十大污染源治理工程全部完工，660 家企业的减排达标治理需整治的 168 家已完成整治 158 家，着力推进重要流域、重点河湖、重要生态功能区和矿产资源集中开发区生态修复，恢复治理历史遗留矿山面积 3000 亩，已成功取缔全流域网箱养殖 3.35 万亩，完成长江流域重点水域退捕禁捕，主要河流出境断面水质优良率保持在 100%，110 个全国重要江河湖泊水功能区达标率达 93.6%，全方位布局水质监测预警，共建有水质自动监测站 107 个，2020 年，全省地表水断面水质状况总体为"优"，优良水质断面比例接近 100%，基本消灭劣 V 类水体，9 个中心城市集中式饮用水水源地达标率为 100%。

2. 初步建立自然保护地建设体系

贵州科学构建国土空间开发保护新格局，以国家公园为主体的自然保护地建设体系初步建立，自然保护地约占陆域国土面积的 18%，世界自然遗产地达到 4 个，居全国第一位，梵净山世界自然遗产保护管理机制等经验措施入选国家推广清单，持续开展国土绿化行动计划，累计完成营造林面积 2988 万亩，森林覆盖率达到 60%，森林覆盖率和蓄积量连续 30 年保持双增长，2020 年，森林生态系统服务功能价值达到 8783 亿元/年，其中涵养水源 2520 亿元/年、净化大气环境 2450 亿元/年、固碳释氧 1413 亿元/年，逐步扩大绿色自然生态空间，增强生态产品供给能力。

3. 全面提升城乡人居环境

贵州城镇人居环境全面提升，全省新增城市建成区绿地面积 36786.11 公顷，新增公园绿地面积 12081.75 公顷，城市建成区绿化覆盖率达 39.04%，城镇绿色建筑占新建建筑的 50%，县城以上城市空气质量优良天数比率达 98.3%，建成县城及以上污水处理厂 222 座、生活垃圾处理设施 106 座，生活垃圾无害化处理率达到 94.68%。农村人居环境持续改善，

199

农村生活垃圾收运处置体系行政村覆盖率达 96.5%，完成村级公共厕所新（改）建 14172 座，行政村公厕实现全覆盖，累计建成农村生活污水处理设施 8175 套，覆盖行政村 2669 个，城乡人居环境建设成效显著。

（三）构筑了绿色经济体系

贵州喀斯特地貌特征明显，在面临既要加快经济发展又要保护生态环境的巨大压力下，坚持践行"既要金山银山又要绿水青山"的发展理念，连续 40 个季度保持经济增速位居全国前三位，绿色经济占比提高到 42%，绿色转型初见成效。在厚植绿色家底的基础上，贵州省全力推进生态产业化、产业生态化，产业结构持续优化。

1. 发展现代山地特色高效农业

贵州农业生产能力显著增强，粮食总产量保持在 1000 万吨以上，一产增加值年均增长 6.2%，到 2020 年达到 2540 亿元，全国排名提升到第 14 位，比 2015 年提升 3 位，耕地亩均种植业产值达到 4098 元，一产从业人员人均农业总产值 4.05 万元，分别比 2015 年增长 58.2%、69.5%。农村产业进一步融合发展，全省农产品加工规模以上企业达到 1217 家，农产品加工业实现总产值 6669 亿元，加工转化率每年提升 1 个百分点。助农增收成效明显，农民人均可支配收入达到 11642 元，相当于全国平均水平的 68%，比 2015 年提高 3.3%，城乡居民收入比 3.1，比 2015 年缩小 0.22，2020 年，产业带动剩余建档立卡贫困人口 28.33 万人增收，占 2019 年底剩余建档立卡贫困人口总数的 92%。

2. 工业发展生态化

"十三五"期间，贵州全省万元工业增加值用水量达到国家控制目标，清洁能源占比达到 52.9%、比全国平均水平高 8.1%，单位地区生产总值能耗下降 24.3%，降幅居全国前列，有效缓解全社会资源能源约束和生态环境压力。2016 年，贵州启动"千企改造"工程促进绿色制造发展，改造企业 5729 户、项目 6255 个，完成技改投资 4527 亿元，规模以上工业基本实现全覆盖。

（四）健全了生态文明制度体系

2020 年，贵州 30 项改革成果列入国家推广清单，形成了一批可复制、可推广的重大制度经验。《贵州方案》明确的 34 项核心制度已经全面完成，出台《贵州省生态环境保护条例》、《贵州省水土保持条例》、《贵州省大气污染防治条例》、《贵州省环境噪声污染防治条例》、《贵州省固体废物污染环境防治条例》等系列法规，已经制定出台涉及生态环境保护的地方性法规达到 128 件，占全省现行有效法规总数的 28.6%，覆盖了水、气、声、渣等环境污染要素，成功构建起贵州生态文明法规制度的"四梁八柱"。

1. 建成了坚守生态底线的制度体系

贵州大力推动"多规合一"试点、自然资源资产负债表编制、自然资源统一确权登记等工作，在全国率先开展生态保护红线划定，划定永久基本农田 5257 万亩，建成省市县三级"三条红线"指标体系，实现所有河流、湖泊、水库河长制全覆盖，划定了 1332 个生态环境分区管控单元，基本建成"三线一单"运用平台，在全省产业布局、产业准入、水利、国土空间规划及规划环评、重大项目环境影响及可行性预判等方面进行了初步运用，并对全省 1540 个重大项目建立了环评服务台账。

2. 建成了司法保护制度体系

贵州率先出台全国首部省级层面生态文明地方性法规《贵州省生态文明建设促进条例》，并颁布实施配套法规，生态司法修复机制日臻成熟，"六个一律"、打击涉危险废物环境违法犯罪等专项执法行动持续发力，生态文明司法机构改革持续深化，由检察机关派驻生态环保检察室延伸生态环保检察监督触角，全省环境资源审判庭统一更名工作全面完成，省市县三级法院专门化环境资源审判机构由 10 个扩展为 29 个，环境资源法庭实现全覆盖。

（五）创新了国际论坛新模式

生态文明贵阳国际论坛是全国唯一以生态文明为主题的国家级、国际性论坛，已经成功举办了十届，习近平同志两次发来贺信，论坛已经成为传播习近平生态文明思想、展示中国生态文明建设成果的重要平台。在2021年生态文明贵阳国际论坛"'十四五'深化国家生态文明试验区建设主题论坛"上，福建、江西、贵州、海南各省领导就国家生态文明试验区的建设经验进行了交流，为生态文明建设提供各省方案。同时贵州环境能源交易所通过购买2320株林木的23200千克碳汇量对论坛排放量进行抵消，实现会议碳中和。

在创新内容方面，一是深入践行习近平生态文明思想和总书记对论坛的两次贺信、两次重要指示的精神，围绕联合国2030年可持续发展议程、我国2030年碳达峰和2060年碳中和目标，以及长江经济带国家发展战略等议题，推动生态文明建设理论和实践不断创新。二是突出绿色经贸，围绕贵州绿色产业发展的需求，开展生态文明建设成果展、绿色产品展销、贸易洽谈以及绿色产业招商等活动。三是全面展示贵州落实习近平生态文明思想的生动实践和典型案例，突出贵州在新时代西部大开发上闯新路、在乡村振兴上开新局、在实施数字经济战略上抢新机、在生态文明建设上出新绩的经验和成果。

在创新形式方面，论坛采取线上线下融合的方式举办，通过会议、展览展示、招商活动一体，充分展现贵州生态文明建设成果，推动生态文明国际交流合作，创新开展绿色产品展销、贸易洽谈，开展绿色产业项目招商，举办绿色产业项目合作签约等。

二、国家生态文明试验区（贵州）的特色案例

（一）生态环境大数据平台

生态环境大数据平台是支撑生态环境治理体系和治理能力现代化，实

现精准治污、科学治污、依法治污的平台，贵州省生态环境厅主要按照"3+1+N"的总体构架建设。2020年，贵州省生态环境厅已基本实现生态环境管理大数据业务全覆盖，提升了各类生态环境业务之间协同办理水平，初步形成生态环境大数据闭环监管，为贵州省"守住发展和生态两条底线"、打赢污染防治攻坚战提供有力的大数据技术支撑。具体措施如下：

1. 完善配套措施，建立信息化管理体制

贵州省环保厅先后制定十多项环境信息化管理制度，内容覆盖建设项目管理、信息化建设管理办法、门户网站管理、平台运行维护、使用管理等各个方面，环境信息化管理制度体系逐步确立。同时建设完成覆盖所有区县的四级环保业务专网，打通了电子政务外网和环保专网连接的网络通道，各市环保局基本成立具有独立法人资格的环境信息机构，环境信息化人才队伍不断壮大，专业素质不断提升。

2. 加强数据整合共享，构建生态环境数据库

前期大数据建设存在数据标准不统一、信息孤岛、顶层设计不足、系统升级改造困难等问题，贵州出台实施了《贵州省生态环境数据资源管理办法》，通过在部门间签订数据共享协议的方式及将业务系统接入到"一云一网一平台"，初步实现全省生态环境关联数据资源整合汇聚。同时积极与国内大数据企业深入研讨解决方案，引入华为"微服务"技术，打造生态环境"微服务"底座平台，按照模块化、组件化的新模式在"三库一中心+多业务系统"总体架构上开展生态环境大数据的建设，2021年，贵州已初步建成环境质量数据库、污染源数据库、生态环境数据中心，以及重点流域管理、污染源自动监控、环境应急等一批核心业务系统，实现数据无缝共享，系统可灵活扩展、持续更新迭代。

3. 创新环境监管模式，促进环保科学决策

环境质量数据库、污染源数据库及生态环境数据中心能够融合各级监测数据，打通信息系统，实现全面、动态、系统掌握贵州省环境质量现状及污染源数量、行业、地区分布、排放、监管等现状，并将数据进行融合整理分析，为上级决策提供依据。其中，运用污染源自动监控系统后，可

对全省 1200 余家重点污染源进行实时监控，及对环境质量、重点污染源废气、废水排放情况进行实时报警预警，并联动环境执法系统进行处理，形成污染源排放监管闭环。

（二）石漠化综合治理

贵州是全国石漠化面积最大、危害最重的省份，全省 88 个市县区中有 50 个纳入国家规划的石漠化综合治理重点县，占全国石漠化综合治理重点县数量的 25%，截至 2016 年底，轻度、中度、重度、极重度石漠化土地面积分别为 93.42 万公顷、125.41 万公顷、25.64 万公顷、2.54 万公顷。突出的石漠化问题使得贵州的生态环境十分脆弱，一旦遭到破坏就很难得到修复和恢复，作为我国长江和珠江上游的重要生态屏障，其生态环境受到损害对下游居民的生活也会产生相应的影响。对此贵州进行了卓有成效的实践探索，形成了发展生态农业、生态畜牧业及实施生态综合治理等有效措施，不仅守住了发展与生态两条底线，而且凸显了国家生态文明试验区建设的贵州亮点，2016 年以来完成石漠化治理 5234 平方千米。具体做法如下：

1. 统筹规划，实现石漠化综合治理

贵州根据地形地貌、海拔高度、石漠化程度以及气候特点，实行整体规划、综合治理，推进石漠化治理效益最大化。贵州省毕节市结合坡改梯的农田基本建设和防护林建设，将山地作为整体进行综合治理，山上植树造林戴帽子、山腰栽植物、坡改梯横耕聚拢系带子，坡地种草和绿肥铺毯子、山下搞乡镇企业、庭院经济、多种经营抓票子，大田大坝改造中低产田土、兴修水利、推广农业科技种谷子，实行坡改梯、植树造林、生态农业、水利工程多措并举的治理方式，开辟了山、水、林、田、路的石漠化综合治理的新路径。

2. 另辟蹊径发展山区生态农业，解决石漠化深层矛盾

把石漠化综合治理与农村产业结构调整、区域经济发展、群众脱贫致富有机结合，探索生态效益、社会效益与经济效益协调发展的石漠化综合治理产业化发展模式与机制。贵州省关岭县花江镇因其独特的喀斯特地貌

资源匮乏，长期处于产业结构单一的传统农业种植模式，虽有因独特麻味、香味、外观而形成的板贵花椒品牌，但未能形成产业优势。该县通过堆石砌梯、集土为田，种植花椒、砂仁等香料，形成"坡改梯—小水利—经济作物—科技兴农"的运作模式。2018年，采取村社合一的方式，引导贫困农户加入合作社，打造优质的示范基地，推行生态化、标准化、集约化生产，同时组织群众实地参观学习、提供技术指导和培训，在基建上给予支持，促成食品企业与花江镇签订战略合作协议，推行订单种植，确保花椒产业的稳定发展。2019年，全面启动花椒扶贫产业项目，2020年，有效带动1650户农民增收致富，花椒产业已成为关岭脱贫攻坚的支柱产业之一，花椒成了群众增收致富的"摇钱树"。

3. 精心打造生态畜牧业，实现治理扶贫双丰收

生态畜牧业不仅能够满足种草发展畜牧业、保护生态环境的需求，在石漠化治理中还充分发挥了以草带林的积极作用，形成"肥料多—牲畜多—收入多—生态好"的良性循环。关岭按照"草随畜走，草畜配套"的原则，在关岭牛重点养殖乡镇，规划设置相应的牧草种植区域，守住养殖生态底线，确保养殖业持续发展，同时通过整治种植牧草，邀请专家开展草牧业技术指导培训，把低热河谷地带土层比较薄、石漠化比较严重不适宜种植树木的荒山荒坡逐步改良形成"路草池一体化"的饲草产业发展格局。在低海拔地区，主要种植早熟青贮玉米、杂交狼尾草、甘蔗等饲草作物，在中高海拔地区，主要种植紫花苜蓿、甜高粱、黑麦草、高羊茅、鸭茅等饲草作物，实现了草增畜增、环境美。

（三）单株碳汇精准扶贫机制

2018年6月13日，贵州省单株碳汇精准扶贫签约仪式在贵阳举行，充分运用"大扶贫、大数据、大生态"三者融合的"互联网+生态建设+精准扶贫"新模式，切实推进低碳扶贫，助力扶贫攻坚，是林业碳汇和精准扶贫有机融合的全国首创，对于相对贫困但生态环境资源富裕的地区具有极大的可复制、可推广价值。截至2020年5月，贵州省单株碳汇精准

扶贫项目已有超过 2000 位微信用户直接参与，累计购买了 1124 户建档立卡贫困户的碳汇，交易总金额达 80 余万元，户均增收约 700 元。2020 年已覆盖全省除贵阳市以外 8 个市 60 个村的 2649 户建档立卡贫困户，完成全省 9 个市 32 个县 682 个贫困村的单株碳汇开发，共计开发单株碳汇 11209 户 445.8 万株，年可销售碳汇量 4458 万千克，年可交易碳汇金额 1337.4 万元，受惠农户 1 万余户，仅 2020 年开发的 412.3 万株、碳汇金额 1236.9 万元已全部售卖完成，户均增收 1197 元。具体做法如下：

1. 创新核算方法学，实现单株碳汇开发

从全球范围来看，无论是《联合国气候变化框架公约》清洁发展机制下，还是国家自愿减排交易机制下的林业碳汇开发方式，主要是"亩或公顷"为计量单位进行开发。贵州在借鉴国内外林业碳汇开展方法学的基础上，结合本省退耕还林、封山育林、脱贫攻坚实际，以"株"为单位进行开发，建立了可监测、可报告、可核查且信息公开的核算方法学（编号 201712-V1），对贫困农户退耕还林、自有用地还林等人工造林以及封山育林活动中单株林木所产生的碳汇量进行科学核算，实现绿色扶贫和生态补偿相结合。

2. 建立单株碳汇机制，精准助力脱贫

贵州省单株碳汇扶贫试点项目开发对象必须是深度贫困村 2014 年来建档立卡的贫困户合法所拥有的林木，必须是贫困户拥有林权证、土地证的林地或者退耕地上的人工造林，通过将每棵树独立编码、拍照、科学测算碳汇量，把建档立卡贫困户和碳汇数据上传至平台，以每一棵树吸收的二氧化碳作为产品，通过单株碳汇精准扶贫平台，面向全社会、全世界致力于低碳发展的个人、企事业单位和社会团体进行销售，所有购碳资金将通过银行后台直接全额分发进入贫困农民的个人账户，精准助力脱贫攻坚，所有项目开发参与方不收取任何费用，做到了"精准识别、精准管理、精准帮扶"，实现林木生态价值转换和助推精准扶贫，建立长效碳汇购买机制，巩固脱贫成果。

3. 精准规划扶贫"作战图"，落实扶贫机制

项目启动后，在省生态环境厅的指导下，作为项目支持机构的贵州

环交所积极参与单株碳汇调研、培训开发、交易平台建设和维护、数据上传与发布以及后期宣传推广等工作。2018 年，贵州省单株碳汇精准扶贫服务平台在"生态文明贵阳国际论坛 2018 年年会'一带一路'碳中和基础设施发展与融资峰会"上上线运行，首笔单株碳汇交易成功。2020 年，项目实施团队借助贵州省公共资源交易中心的便利条件，充分发挥平台的聚合功能、信息发布功能，通过"省中心+平台+农户"的组织方式积极对项目进行宣传推广，通过经济利益的带动，不断增强脱贫户植树造林、保护树木、爱护环境的自觉性和主动性，并利于社会公众养成绿色低碳生活方式，用新颖的大数据方式吸引公众积极投身生态环境保护工作。

（四）磷化工行业"以渣定产"

贵州是中国磷矿资源大省，依托丰富的磷矿资源，逐步建成较为完备的磷化工产业体系，磷石膏是磷化工产业链中的副产物，产量大、利用率低一直是行业难点，大量磷石膏的堆存除占用大面积土地外，还可能带来粉尘、地下水和土壤污染等环境问题以及滑坡等灾害，成为制约磷肥行业发展的一大瓶颈。为彻底解决磷石膏造成的生态环保问题，实现磷石膏资源"变废为宝"，2018 年，贵州出台了《关于加快磷石膏资源综合利用的意见》，提出全面实施磷石膏"以渣定产"，大力促进磷化工产业绿色、创新、集约、高效发展，有效解决了因涉磷企业集聚、排污、堆放磷石膏致使的乌江磷问题，2020 年，贵州乌江干流水质年均值首次达到 II 类，首要污染物总磷年均浓度相比 2012 年下降 93.0%，磷石膏利用处置率从 2018 年的 65% 提升到 2020 年的 104.4%，磷石膏价值化利用取得了明显成效。2020 年 1~9 月，全省磷石膏产量 876.56 万吨，比上年同期减少 68.44 万吨，利用处置 869.71 万吨，处置率达 99.22%，同比提高 56.82%。具体做法如下：

1. 全面实施"以渣定产"，减少磷石膏堆存

"以渣定产"即以当年产生的磷石膏量决定次年的磷肥生产量，贵州

在全国范围内率先提出按照"谁排渣谁治理，谁利用谁受益"的原则，将磷石膏产生企业消纳磷石膏情况与磷酸等产品生产挂钩，由市县两级人民政府督促指导辖区内磷石膏产生企业逐个制订磷石膏产生和消纳计划，确保磷石膏消纳量大于新产生量，并在此基础上制订本地区磷石膏产消平衡年度计划，由环境保护部门加强对磷石膏排放的日常监管，按年度组织核查，核查结果作为年终目标考核的依据，从制度上倒逼企业加强磷石膏资源综合利用，减少磷石膏堆存。

2. 加强技术研发，促进磷石膏源头减量提质

按先试点、后示范、再推广的原则，优化技术创新和成果转化模式，推动研发应用了一批用量大、成本低、效益好、技术先进的综合利用技术与装备。优化选矿技术提升选矿工艺，如贵州磷化集团研发了"瓮福一号"技术工艺，将磷精矿品位由32%提高到35%，减少了磷石膏产生；采用磷酸清洁生产技术，开展湿法磷酸工艺技术流程再造，积极推广使用二水—半水法、半水—二水法等先进工艺，如西洋肥业公司的清洁生产技术，提高磷石膏整体品质；推动磷化工产业转型升级，依托"千企改造"工程，加快磷化工企业结构转型调整，发展高端磷化工产品。例如，鼓励磷石膏产生企业进行磷石膏预加工，为磷石膏资源综合利用提供价廉质优的原料，大力发展精细磷酸盐产品、精细磷制品和贵重伴生元素制品以及市场需求好的绿色磷化工新型产品，进一步提高磷化工产业的经济、社会和生态效益。

3. 健全磷石膏建材推广机制，推动磷石膏综合运用

贵州七个部门联合印发实施《贵州省磷石膏建材推广应用工作方案》，省住建厅编制了全国第一部《磷石膏建筑材料应用统一技术规范》，以及施工工法、设计图集等，完善了磷石膏建材应用的标准体系；开展了工程技术人员和建筑工人大培训，加深对磷石膏建材设计应用方法、施工工艺方法的掌握；坚持政府引导、市场主体，采取了政府投资工程带头应用磷石膏建材、试点示范项目带动等措施，推广磷石膏建材。通过多种媒体平台，加大宣传推介力度，努力提高社会各界对磷石膏及磷石膏产品的认

知，磷石膏建材产品正逐步被市场接受。

三、贵州经验对江西的启示

（一）生态环境源头治理的启示

防治治理并重，生态发展解决根源。贵州不仅统筹山水林田路治理石漠化，并因地制宜发展山区生态产业，打破环境破坏和贫穷的恶性循环圈。江西省应加强以下工作：一是坚持山水林田湖草沙一体化保护和修复，推动生态环境综合治理、系统治理、源头治理，赣南等原中央苏区加强赣江以及罗霄山脉、武夷山脉等重要山体的生态环境和生物多样性保护，加快绿色振兴发展，实现生态富民。赣东北地区加强信江、饶河、乐安河流域和鄱阳湖沿岸生态修复，强化环境治理和保护。二是推动区域绿色发展，大南昌都市圈以加强生态环境协同共治、源头防治为重点，强化生态网络共建、环境联防联治，赣江新区推动绿色低碳循环发展，探索城市资源循环利用模式，积极开展生态环境领域改革"先行先试"，围绕科产城人融合，全面提升城市人居环境水平，赣西地区加快推动产业绿色转型发展，建设国家海绵城市先行区。

（二）大数据监管的启示

科学引进信息技术和设备，完善生态环境监管体系。贵州省按照"三库一中心+多业务系统"的总体架构建设，联通省市两级生态环境数据，形成生态环境大数据闭环监管。江西省应加强以下工作：一是加强遥感卫星、红外、无人机、无人船等新技术新设备运用，建立健全以污染源自动监控为主的非现场监管执法体系，规范排污单位和开发区污染源自行监测，督促重点排污单位安装挥发性有机物、总磷、总氮、重金属等特征污染物在线监控设备，提升测管融合协同效能。二是建设生态环境综合管理信息化平台，提高生态环境管理业务协同效率，建立防范和惩治生态环境监测数据弄虚作假的工作机制，强化对生态环境监测机构监管。

（三）环境污染减量资源化的启示

以量化的污染后果为导向，促进污染减量资源化。贵州省通过"以渣定产"有效解决磷石膏造成的生态环保问题，实现磷石膏资源"变废为宝"，据此江西省应加强以下工作：一是污染源排放量与生产量挂钩，将氮磷超标重点湖库、重要饮用水水源地周边等敏感区域的施肥力度与污染源排放量挂钩，以上饶、鹰潭、赣州等有色金属产业集中地区为重点，深入推进重点河流、湖库、水源地、农田等环境敏感区域周边涉重金属企业生产量与排污量挂钩，建立生态修复与开发建设占补平衡机制，有效控制资源浪费和环境污染。二是提升生态环境科技创新能力，深化低碳能源推广、原材料替代、碳捕集利用与封存等技术研发和应用，持续开展各类污染防治、清洁生产、生态修复、资源再生等先进技术遴选，加强推广应用和技术指导，建立健全绿色技术转移转化市场交易体系，积极搭建生态环境科技工作平台，促进绿色技术创新成果转化应用。

（四）生态普惠产品的启示

培育市场主体，创新生态产品实现机制。贵州省首创以株为单位进行生态产品开发，并在微信上线单株碳汇精准扶贫服务平台，将个人也纳入市场主体，极大地提高了市场活跃度。据此江西省应加强以下工作：一是推进碳市场建设，建立完善重点行业温室气体排放数据质量控制、报告和核查体系，做好碳排放权交易的注册登记、配额分配、清缴工作，按照国家统一部署适时引入配额有偿分配，推进碳金融和碳市场定价机制，探索开发绿色金融产品。二是建立健全碳市场抵消机制，面向更广泛的对象积极储备一批温室气体自愿减排项目，加强森林、湿地、农田碳汇建设，提升生态系统碳汇能力，采用合适的核算方法，适时纳入碳市场交易体系。三是积极推行抚州市"碳普惠"制度，引导市民通过绿色低碳生活方式积累碳币，并联合千家商户开展碳币兑换。

第十章

双碳目标下国家生态文明试验区
（江西）建设的提升路径与政策

"十四五"时期，国家生态文明试验区（江西）建设要坚决贯彻落实习近平同志"将碳达峰、碳中和纳入生态文明建设整体布局"的思想，要坚定不移走生态优先、绿色低碳的高质量发展之路。以经济社会发展全面绿色转型为引领，加快形成节约资源和保护环境的产业结构、生产方式、生活方式、空间格局，构建绿色低碳循环的现代产业体系，推进节能减污降碳的协同增效治理体系，找准生态产品价值实现的转换通道，加快体制机制改革创新，探索形成一批有效的改革经验和制度成果。

一、构建江西特色的绿色低碳循环产业体系

深入实施"2+6+N"产业高质量跨越式发展行动计划，加强推进产业链链长制和"工业三年倍增"行动，坚持"项目为王"和"亩产论英雄"，以产业高端化、智能化、绿色化、服务化为方向，构建江西特色的绿色低碳循环现代化产业体系，不断提升产业发展水平和核心竞争力，实现产业发展能级跃升，推动江西产业高质量跨越式发展。

（一）做大产业规模

以发展目标为导向，深化传统产业优化升级，领先发展战略性新兴产业，释放新经济新动能发展潜力。加快有色金属、电子信息产业尽早突破万亿级，装备制造、石化、建材、纺织、食品产业加快实现5000亿元目标。围绕航空、中医药传统产业，发挥特色优势，实现千亿产业梦。大力发展移动物联网、光伏、锂电、虚拟现实等新兴产业，抢占发展机遇期，实现规模再上新台阶。深入实施数字经济"一号工程"，把数字经济作为江西产业高质量跨越式发展的重要战略支撑。

（二）做好项目招引

坚持"项目为王"理念，加大招商引资力度，加快项目落户、建设、投产、达产速度，实现项目强招引、早投产、快见效。围绕"2+6+N"产业体系发展方向、产业链缺链断链环节，紧盯世界500强、中国500强、中国民企500强、行业100强、央企等大企业，开展"三请三回"活动，做好营商环境"一号工程"，围绕产业链精准招商，争取全省各县区"5020"项目覆盖广、数量多、成效好。

（三）做优链式发展

深入实施产业链长制，强化领导高位推动成效，完善工作协调机制，及时更新"四图五清单"，选择一批优势产业链开展全产业链精准画像，全面梳理产业链供应链关键环节、主要堵点，实现产业基础高级化、产业链现代化。对标发达地区产业发展，实施产业基础能力再造、产业链"锻长板"、"补短板"行动，实施产业集群提能升级行动，加快产业集群扩规模、提能级、强实力、增效益。

（四）做强龙头企业

实施优质企业梯次培育行动，按照"个转企、小升规、规改股、股上

213

市、与龙头、强集群"成长路线，打造百亿级、千亿级领航企业和龙头骨干企业。围绕首位产业和主攻产业，重点打造一批具有行业龙头地位、核心竞争力和主导权的链主型企业，深入实施企业"映山红"上市行动，培育一批在行业细分领域的"专精特新"、专业化小巨人、单项冠军、独角兽和瞪羚企业。

二、构建江西特色的协同增效环境治理体系

以"双碳"目标为引导，深入推进国家生态文明试验区建设，坚持降碳、减污、扩绿、增长协同推进，在降碳的同时确保能源安全、注重生态环境保护与治理、实现经济绿色发展崛起。

（一）完善清洁低碳安全高效能源结构

增加可再生能源与清洁能源使用比例，发挥光伏产业、锂电产业基础优势，合理进行风能、太阳能、生物质能、水电开发利用和储能布局，推进分布式光伏电站建设和光伏建筑一体化建设。强化能源消费强度和总量控制，努力以能耗强度的降低换取能耗总量的更多支持，坚决遏制"两高"项目盲目发展，加大工业园区集中供热建设，按规实施煤炭减量等量替代。加快能源、工业、建筑、交通等重点领域节能降碳，在条件适合的地区、行业、重点企业实行先行先试，探索碳达峰、碳中和路径。

（二）强化提质增效优化升级治理措施

依法依规淘汰钢铁、水泥、平板玻璃、化工、矿产开采等行业落后和过剩产能，严控产业结构调整目录中的限制类和淘汰类项目上马，严格执行长江经济带发展负面清单指南。做好企业"亩产效益综合评价"，全面

清理低效企业，做好散、小、污、乱企业整治，提高标准厂房入驻率，加强土地资源产出率约束，提高单位水资源产出率，降低单位产品能耗和万元工业增加值能耗，实现亩均效益整体提升。

（三）推进生态保护污染防治攻坚

继续推进"五河两岸一湖一江"系统整治，围绕长江经济带"共抓大保护"，推进长江沿线岸堤综合整治，打造九江长江"最美岸线"。坚决打好蓝天、碧水、净土保卫战，深入实施污染防治攻坚战标志性战役和专项行动，坚持"一城一策"、"一企一策"，完善污水处理厂、垃圾填埋场、垃圾发电厂、危废处置中心等基础设施建设，构建完善能源在线监测、有机挥发气体在线监测、污水排放在线监测系统，加大央地合作力度，探索第三方治理模式。加大废弃矿山生态修复力度，深化推广山水林田湖草山区崩岗治理"赣南模式"，加强森林资源保护与管理制度，健全湿地系统保护、恢复和补偿制度，完善生物多样性保护制度，实现山水林田湖草系统优化。

三、构建江西特色的生态产品价值实现体系

用足用好绿色生态这个品牌优势，践行"绿水青山就是金山银山"理念，着力打通"两山"转换通道，加快推动生态产业化、产业生态化，加快完善政府主导、企业和社会各界参与、市场化运作、可持续的生态产品价值实现路径，不断增加优质生态产品供给，提升人民群众生态共建的获得感幸福感，不断打造江西绿色发展新样板。

（一）以价值转化为核心

建立健全生态产品价值实现机制，畅通"两山"转换通道，建立科学的生态产品价值核算体系、生态保护补偿机制、生态环境损害赔偿机制、生态产品价值实现的政府考核评估机制。加大山水林田湖优美自然风光、历史文化遗存等特色生态产品宣传推介力度，实现生态产品供需精准对接，采取"生态+大健康"、"生态+旅游"、"生态+农业"、"生态+文化"等多样化模式和路径，延伸拓展生态产品产业链和价值链。推进区块链等新一代信息技术应用，建立生态产品质量追溯机制、交易流通全过程监督体系，做到生态产品信息可查询、质量可追溯、责任可追查，实现生态产品价值增值。

（二）以试点建设为契机

依托现有国家级、省级生态产品价值实现机制试点、"两山"实践创新基地、生态文明示范基地等平台，深入推进先行先试，及时总结推广典型案例和经验做法，以点带面形成示范效应。推广抚州国家生态产品价值实现机制试点和浮梁、武宁、湾里等省级试点在生产品价值核算、可持续经营开发、保护补偿、评估考核等方面的经验做法。加快生态文明基地、生态县/乡镇/村、生态/低碳/清洁园区、园区循环化改造、节能节水领跑者、绿色/低碳校园/社区/公共机构等试点示范建设，实现一批有成效、可推广、可复制的经验做法。

（三）以政策支持为保障

继续加大绿色金融改革，鼓励银行机构创新金融产品和服务，加大对生态产品经营开发主体贷款支持力度，鼓励政府性融资担保机构为生态产品经营开发主体提供融资担保服务，探索生态产品资产证券化路径模式。以赣州、吉安普惠金融试验区建设为机遇，扎实推进绿色金融、科技金融、物联网金融、开发区金融、县域金融等一系列改革创新试点，助推生态产品价值实现。加大绿色市政专项债、"畜禽洁养贷"等金融模式推广应用，扎实推动赣江新区绿色金融改革创新、积极鼓励武宁县生态产品储蓄银行、资溪县两山银行、万年湿地银行等模式探索，不断深化绿色金融改革，构建绿色金融服务体系。

（四）以共建共享为目标

坚持生态为民、生态惠民，积极探索生态共建、利益共享机制，完善全民参与生态文明建设的体制机制，形成共同推进"双碳"目标引导下国家生态文明区建设的强大合力。积极倡导绿色低碳生活方式，有步骤实行生活垃圾分类，推广绿色产品使用，鼓励绿色低碳出行，大力弘扬生态文明理念、碳达峰、碳中和理念，构建生态文明绿色低碳的文化体系。

四、构建江西特色的体制机制改革创新体系

持续深化生态文明体制改革，完善统筹推进机制，加大科技创新、模式创新和制度创新力度，将制度成果转化为治理效能，实现生态文明治理现代化。

（一）生态技术创新

引导省内高校院所加大基础性、前沿性、应用型的研究，鼓励企业主体加大绿色制造体系技术创新力度。制定完善的科技创新政策支撑体系，营造良好科技创新环境，加大生态文明方面高层次人才引进，加大与国家级大院大所深度合作对接，实现生态绿色低碳技术重点突破。积极发挥"揭榜挂帅"引领带动作用，重点聚焦绿色产品设计、工艺优化升级、能源深度脱碳、节能减污降碳、资源能源节约集约等重点领域，实施共性关

键核心技术攻坚行动。

（二）生态模式创新

在生态文明试验区先行先试的过程中不断推陈出新，实现新模式和新业态的突破。以生态融合模式为基础，依托江西特色优势的自然资源，推动旅游、文化、中医药、大健康绿色发展，实现"生态+"发展模式。以产业融合模式为主导，大力发展生态农业、绿色工业、现代服务业，推进一二三产融合发展，先进制造业与现代服务业融合发展，通过产业融合，实现产业附加值增加，价值链位置攀升，产业结构更加优化。以城乡融合模式为拓展，加大城乡环境综合治理，深入实施城市功能与品质提升，持续推进农村人居环境整治，协同经济发展、城市建设、乡村振兴、环境保护统筹协同。

（三）生态制度创新

进一步建立自然资源统一确权办法和登记体系，完善自然资源资产价格形成机制，健全自然资源资产评估标准和方法。贯彻落实《江西省流域综合管理暂行办法》，健全完善以五级河长制湖长制林长制路长制为核心的监督体系。以国家综合补偿试点省建设为契机，健全市场化、多元化生态补偿制度，充分发挥市场主体作用，选择重点地区、重点领域和重点行业，加快推进排污权、碳排放权、水权、用能权市场交易。牢固树立现代环境司法理念，加快生态文明领域法治建设，完善环境资源司法保护机制和生态环境公益诉讼制度，为建设美丽中国"江西样板"提供司法保障。

参考文献

［1］陈巍，陈晓，郑华伟 . PSR 框架下生态文明建设区域差异分析——以江苏省为例［J］. 江苏农业科学，2018，46（9）：5.

［2］陈永森，陈云 . 习近平关于应对全球气候变化重要论述的理论意蕴及重大意义［J］. 马克思主义与现实，2021（6）：18-25.

［3］邓小海，曾亮 . 贵州生态文明建设与精准扶贫互动对策探析［J］. 贵州社会主义学院学报，2016（1）.

［4］樊建新，等 . 习近平生态文明思想在贵州的实践研究［M］. 北京：经济管理出版社，2021.

［5］范生姣 . 传统村落保护与发展面临的问题及对策思考——以锦屏县隆里所村为例［J］. 原生态民族文化学刊，2016，8（2）：6.

［6］福建省统计局 . 福建省 2016 年国民经济和社会发展统计公报［EB/OL］. http：//tjj. fujian. gov. cn/xxgk/tjgb/201702/t20170224_49134. htm.

［7］福建省统计局 . 福建省 2017 年国民经济和社会发展统计公报［EB/OL］. http：//tjj. fujian. gov. cn/xxgk/tjgb/201802/t20180226_ 1487394. html.

［8］福建省统计局 . 福建省 2018 年国民经济和社会发展统计公报［EB/OL］. http：//tjj. fujian. gov. cn/xxgk/tjgb/201902/t20190228_ 4774952. html.

［9］福建省 2019 年国民经济和社会发展统计公报［EB/OL］. 福建省人民政府网，http：//www. fujian. gov. cn/zwgk/sjfb/tjgb/202003/t202003

02_5206444. html.

　　［10］福建省 2020 年国民经济和社会发展统计公报［EB/OL］. 福建省人民政府网，http：//www. fujian. gov. cn/zwgk/sjfb/tjgb/202103/t20210301_5542668. html.

　　［11］关于国家生态文明试验区（江西）建设情况的报告（2017）［EB/OL］. 江西人大新闻网，https：//jxrd. jxnews. com. cn/system/2018/03/28/016829512. shtml.

　　［12］关于国家生态文明试验区（江西）建设情况的报告（2018）［EB/OL］. 江西省人民政府网，http：//www. jiangxi. gov. cn/art/2019/2/26/art_6394_663817. html.

　　［13］关于国家生态文明试验区（江西）建设情况的报告（2019）［EB/OL］. 江西省人民政府网，http：//www. jiangxi. gov. cn/art/2020/2/19/art_393_1507379. html.

　　［14］关于国家生态文明试验区（江西）建设情况的报告（2020）［EB/OL］. 江西省人民政府网，http：//www. jiangxi. gov. cn/art/2021/3/16/art_396_3281360. html.

　　［15］关于国家生态文明试验区（江西）建设情况的报告（2021）［EB/OL］. 江西省人民政府网，http：//www. jiangxi. gov. cn/art/2022/2/15/art_396_3859437. html.

　　［16］贵州省 2016 年国民经济和社会发展统计公报［EB/OL］. 贵州省宏观经济数据库，http：//hgk. guizhou. gov. cn/publish/articles/c7/2022/02/a405/a405. html.

　　［17］贵州省 2017 年国民经济和社会发展统计公报［EB/OL］. 贵州省宏观经济数据库，http：//hgk. guizhou. gov. cn/publish/articles/c7/2022/02/a413/a413. html.

　　［18］贵州省 2018 年国民经济和社会发展统计公报［EB/OL］. 贵州省宏观经济数据库，http：//hgk. guizhou. gov. cn/publish/articles/c7/2022/02/a466/a466. html.

［19］贵州省 2019 年国民经济和社会发展统计公报［EB/OL］. 贵州省宏观经济数据库，http：//hgk. guizhou. gov. cn/publish/articles/c7/2021/04/a646/a646. html.

［20］贵州省 2020 年国民经济和社会发展统计公报［EB/OL］. 贵州省宏观经济数据库，http：//hgk. guizhou. gov. cn/publish/articles/c7/2021/04/a649/a649. html.

［21］郭红军，童晗. 国家生态文明试验区建设的贵州靓点及其经验——基于石漠化治理的考察［J］. 福建师范大学学报（哲学社会科学版），2020（3）：40-48.

［22］国家发展改革委，国家能源局关于完善能源绿色低碳转型体制机制和政策措施的意见［EB/OL］. 国家发展改革委网站，https：//www. ndrc. gov. cn/xxgk/zcfb/tz/202202/t20220210_ 1314511. html？code＝&state＝123.

［23］国家生态文明试验区（福建）实施方案［EB/OL］. 中央人民政府网，http：//www. gov. cn/xinwen/2016-09/23/content_5111215. htm.

［24］国家生态文明试验区（贵州）实施方案［EB/OL］. 中央人民政府网，http：//www. gov. cn/zhengce/2017-10/02/content_5229318. htm.

［25］国家生态文明试验区（江西）实施方案［EB/OL］. 中央人民政府网，http：//www. gov. cn/zhengce/2017-10/02/content_5229318. htm.

［26］国家生态文明试验区改革举措和经验做法推广清单［EB/OL］. 中华人民共和国国家发展和改革委员会网，https：//www. ndrc. gov. cn/xwdt/tzgg/202011/t20201127_ 1251539. html？code＝&state＝123.

［27］国家统计局. 2017 江西统计年鉴［M］. 北京：中国统计出版社，2017.

［28］国家统计局. 2018 江西统计年鉴［M］. 北京：中国统计出版社，2018.

［29］国家统计局. 2019 江西统计年鉴［M］. 北京：中国统计出版社，2019.

［30］国家统计局. 2020 江西统计年鉴［M］. 北京：中国统计出版社，2020.

［31］国家统计局. 2021 江西统计年鉴［M］. 北京：中国统计出版社，2021.

［32］国家统计局能源司. 中国能源统计年鉴 2017［M］. 北京：中国统计出版社，2018.

［33］国家统计局能源司. 中国能源统计年鉴 2018［M］. 北京：中国统计出版社，2019.

［34］国家统计局能源司. 中国能源统计年鉴 2019［M］. 北京：中国统计出版社，2020.

［35］国家统计局能源司. 中国能源统计年鉴 2020［M］. 北京：中国统计出版社，2021.

［36］胡卫卫，施生旭，郑逸芳，等. 福建生态文明先行示范区生态效率测度及影响因素实证分析［J］. 林业经济，2017，39（1）：6.

［37］花明. 习近平生态文明思想在江西的生动实践［J］. 鄱阳湖学刊，2018（6）：13-20.

［38］黄晶，孙新章，张贤. 中国碳中和技术体系的构建与展望［J］. 中国人口·资源与环境，2021，31（9）：24-28.

［39］江西省 2016 年国民经济和社会发展统计公报［EB/OL］. 江西省统计局网，http：//tjj. jiangxi. gov. cn/art/2017/3/21/art_38773_2343874. html.

［40］江西省 2017 年国民经济和社会发展统计公报［EB/OL］. 江西省统计局网，http：//tjj. jiangxi. gov. cn/resource/uploadfile/201803/2017tjgb. pdf.

［41］江西省 2018 年国民经济和社会发展统计公报［EB/OL］. 江西省统计局网，http：//tjj. jiangxi. gov. cn/resource/uploadfile/file/20190321/20190321145207214. pdf.

［42］江西省 2019 年国民经济和社会发展统计公报［EB/OL］. 江西省统计局网，http：//tjj. jiangxi. gov. cn/art/2020/3/17/art_38773_2343883. html.

［43］江西省 2020 年国民经济和社会发展统计公报［EB/OL］. 江西省人

民政府网，http：//www.jiangxi.gov.cn/art/2022/2/7/art_396_3852550.html.

　　［44］林昌华．全面加快福建生态文明先行探索的思路及对策［J］．社科纵横，2017.

　　［45］凌秀萍，龙江英，王朝龙，等．发展贵州碳汇林业　推进贵州生态文明建设［J］．贵阳学院学报（自然科学版），2011，6（1）：6.

　　［46］刘金龙．从生态建设走向生态文明：人文社会视角下的福建长汀经验［M］．北京：中国社会科学出版社，2015.

　　［47］罗小娟，卢星星．创新驱动生态文明建设的渝水样板［M］．南昌：江西教育出版社，2021.

　　［48］潘家华，李萌，等．国家生态文明试验区建设的贵州实践研究［M］．北京：社会科学文献出版社，2019.

　　［49］单晓娅．贵州生态文明建设的探索与实践［M］．北京：光明日报出版社，2012.

　　［50］生态产品价值实现典型案例［EB/OL］．中华人民共和国自然资源部网，http：//gi.mnr.gov.cn/202004/t20200427_2510189.html.

　　［51］盛广周，罗小娟．江西省武宁县"点绿成金"样本解读［M］．北京：经济管理出版社，2019.

　　［52］汤咏峰，罗小娟．生态宜居湘东：老工矿城市绿色转型之路［M］．南昌：江西教育出版社，2020.

　　［53］王克，王艳华．我国碳中和远景和路线图［J］．中华环境，2021，2（3）：36-39.

　　［54］王琪．河北省生态文明建设区域差异研究［D］．首都经济贸易大学，2018.

　　［55］习近平．继往开来，开启全球应对气候变化新征程——在气候雄心峰会上的讲话［N］．人民日报，2020-12-13（01）.

　　［56］习近平．在第七十五届联合国大会一般性辩论上的讲话［N］．人民日报，2020-09-23（02）.

　　［57］萧春雷．造林理水修山补海——福建生态文明建设侧记［J］．

福建文学，2017（9）：18.

［58］徐静．贵州生态文明发展报告［M］．北京：社会科学文献出版社，2012.

［59］严也舟，成金华．湖北省生态文明建设区域差异分析［J］．郑州航空工业管理学院学报，2013，31（6）：6.

［60］应菊兰，杨晶．长忆浮梁风景好，千年古县的"两山"转化实践［M］．南昌：江西教育出版社，2020.

［61］余晓青，郑振宇．福建生态文明建设的路径选择［J］．长春理工大学学报（社会科学版），2015，28（8）：7.

［62］袁晓玲，景行军，李政大．中国生态文明及其区域差异研究——基于强可持续视角［J］．审计与经济研究，2016（1）：10.

［63］张丛林，张爽，杨威杉，等．福建生态文明试验区全面推行河长制评估研究［J］．中国环境管理，2018，10（3）：6.

［64］张欢，成金华，陈军，等．中国省域生态文明建设差异分析［J］．中国人口·资源与环境，2014，24（6）：8.

［65］张琳杰．贵州生态文明先行示范区建设创新路径与对策建议［J］．当代经济，2017（2）：3.

［66］赵路．贵州生态文明建设与产业转型升级研究［D］．贵州财经大学，2017.

［67］周宏春．"两山理论"与福建生态文明试验区建设［J］．发展研究，2017（6）：7.